水庭景物
家庭水景庭院设计与建造

［英］A.&G.布里奇沃特（A.&G.Bridgewater）著

薛冰 译

中国水利水电出版社
www.waterpub.com.cn
·北 京·

内 容 提 要

如果你梦想拥有一座属于自己的水景庭院，这本书将会耐心地引导你度过所有棘手的阶段，从确定风格、挑选工具、设计图纸，一直到挖掘孔洞、垒砌池壁、种植植物、鱼类蓄养等都包含在内。别再让水景庭院停留在幻想中了，是时候来打造属于自己的水景庭院了。

北京市版权局著作权合同登记号：图字01-2018-6627号

Original English Language Edition Copyright © **AS PER ORIGINAL EDITION**

IMM Lifestyle Books. All rights reserved. Translation into SIMPLIFIED

CHINESE LANGUAGE Copyright © 2020 by CHINA WATER & POWER

PRESS, All rights reserved. Published under license.

图书在版编目（C I P）数据

水庭景物：家庭水景庭院设计与建造 / （英）A.&G.
布里奇沃特著；薛冰译. -- 北京 ： 中国水利水电出版
社，2020.10
（庭要素）
书名原文：WATER GARDENS
ISBN 978-7-5170-8968-1

Ⅰ. ①水… Ⅱ. ①A… ②薛… Ⅲ. ①庭院-景观设计
Ⅳ. ①TU986.4

中国版本图书馆CIP数据核字(2020)第202337号

策划编辑：庄晨　责任编辑：王开云　封面设计：梁燕

书　　名	庭要素 水庭景物——家庭水景庭院设计与建造 SHUITING JINGWU—JIATING SHUIJING TINGYUAN SHEJI YU JIANZAO
作　　者	[英] A.&G. 布里奇沃特（A.&G. Bridgewater）著　薛冰 译
出版发行	中国水利水电出版社 （北京市海淀区玉渊潭南路 1 号 D 座　100038） 网址：www.waterpub.com.cn E-mail：mchannel@263.net（万水） 　　　　sales@waterpub.com.cn 电话：（010）68367658（营销中心）、82562819（万水）
经　　售	全国各地新华书店和相关出版物销售网点
排　　版	北京万水电子信息有限公司
印　　刷	雅迪云印（天津）科技有限公司
规　　格	210mm×285mm　16 开本　5 印张　155 千字
版　　次	2020 年 10 月第 1 版　2020 年 10 月第 1 次印刷
定　　价	59.90 元

凡购买我社图书，如有缺页、倒页、脱页的，本社发行部负责调换

前言

水是我们最宝贵的财富。它不仅对于生命本身极其重要，还有令人精神振奋的神秘特质。在我们的内心深处渴望看到并感受到水。古老的喷泉、神圣的井泉、淙淙的河流、奔泻的瀑布、奇特的湖泊和浩瀚的海洋，各种各样的景象使人们沉迷，使我们的心沉静下来，振奋我们的精神并激发了我们的创作灵感。

从历史中可发现，人总是临水而居，喜欢在水源边建立家园。虽然人们喜欢水，但却不愿生活在潮湿的河谷中。于是，将在山中、林内的院子打造成水景庭院，如有人工湖或溪流、瀑布等景观，一方面实现了傍水而居，一方面显示雄厚财力，成为了社会地位的象征。今天，新的技术，比如柔性衬垫、聚氯乙烯输水管道、电动抽水泵，让水景庭院不再是富豪的专利。

如果你梦想建造属于自己的水景庭院，无论规模大小，这本书都将详细地引导你克服所有棘手的阶段，包括选择风格、挑选工具和设计图纸，一直到挖掘孔洞、建造池壁、种植植物、鱼类蓄养等。别再让水景庭院只存在于幻想中了，现在是时候来创建一个座于自己的水景庭院了。

关于作者

艾伦和吉尔·布里奇沃特作为非常成功的园艺DIY书籍作者，在国际上享有盛誉。他们撰写的书涉及众多主题，比如庭院设计、池塘和露台设计、砖石砌筑、平台和铺板，以及家庭木工活。他们也为几家国际性杂志撰稿，目前居住在英国东萨塞克斯郡的赖伊镇。

植物名称

为了做到普遍意义上的清晰易懂，本书不仅对各种植物都列出了目前推荐使用的植物学名称，也列出了一些熟悉的别名，方便读者理解记忆。

安全

很多项目和程序都有潜在的危险性。在某种程度上，挖掘孔洞、用电和工具使用都有一定危险。由于婴儿和初学走路的幼儿都会被水吸引，如你家里有小孩，或者有小孩到你家玩，绝对不能让他们单独待着，无人陪伴。

测量尺寸

本书给出了公制长度单位，例如1.8m——但是绝大多数的尺寸都不重要。

目录

水景庭院风格

水景庭院有很多种风格：古典的、意大利的、伊斯兰的、现代的、自然主义的等等。虽然你可能对庭院已经有一些设想——庭院应该是规则的，有很多植物和鱼类。但是你必须考虑你家庭院的位置、大小和特点，才可保证完工的水景庭院是你的想象和现实条件完美结合的样子。

我该选择何种风格？

规则式和不规则式

规则式水景庭院的特点是主要依据房屋的大小、形状和特点，将庭院设计为规则的几何状。相反，一个不规则式天然的水景庭院，则与自然存在的真实景观别无二致。

一个规则式水景庭院包含对称设置的景物，比如台阶、草坪、盆栽和院墙。所有细节都严格排列成直边和几何形状，甚至连荷花也是成排种植的。

尽管这个规则式水景庭院在形式上有些僵化，但是当植物繁盛并相互交织在一起时，庭院也会呈现一种天然的无规则景观。

主题

尽管水景庭院只有两种基本风格——不规则的和规则的，然而在这两大类别中有多种风格可供选择。例如，如果你想要一个天然型庭院，你可以把庭院建在有溪流的草地上，或者河流的拐弯处，或者一片海滩上，或者一个充满异国风情的小岛上……在选定的风格中也有很多选择。

从名画中汲取灵感

如果你喜欢艺术家的画作，比如克劳德·莫奈或保罗·高更都有作品描绘过水景庭院，你可以直接将一幅你最喜爱的绘画作品作为一个总体方案。有什么会比打造一座莫奈的《池塘·睡莲》或者一座高更的海滨庭院更好的呢？

从植物中汲取灵感

如果植物能够启发你的灵感，那么列出你最喜爱的植物，并努力建造一个能够满足它们所有需求的水景庭院，不失为是一个好主意。例如，如果你喜欢鸢尾、灯心草和禾草丛，那么打造一条缓慢曲折的小溪，溪流的一边有大片的沼泽，将是不错的选择。当在水中实际种植时，需要留意的是，为了使水质保持良好，你必须保证氧气浓度和藻类在数量上达到平衡。

评估后果

动工前必须仔细考虑一下，这个项目将会给你的朋友和家人带来怎样的影响。你的子女和孙辈会有危险吗？流水声会不会打扰你的邻居？你有时间和精力来打理庭院吗？

鱼类

如果你想要养鱼，水域的面积和水质是非常重要的因素。引进当地野生鱼类到一个天然池塘相对容易，只要再放养一些野生青蛙和蝾螈即可非常热闹。但是，在一个规则的、无水生植物的池塘里养鱼却不那么容易。

空间评估

我的场地足够大吗?

从很多方面来说,设计城市里的一个小院子要比规划乡间一大片土地更具有挑战性,但无须担心,无论你的庭院大小如何,总有一款适合它的设计。花时间来构思庭院的设计,并赋予它无数灵感——规划、设想和权衡各种可能性,然后再结合你的承担能力和你所渴望的模样,力争实现一种平衡、理性、和谐的设计。

每个类型的庭院都有多种景色呈现方式。左:一个日式庭院的高品质水景。中:小型城市庭院的小瀑布水池。右:大型乡间庭院的天然池塘。

充分分析

在一天和一周内的不同时间(早晨、午间、日落时分;工作日和周末,以及不同的天气条件下),到你的庭院里四处走走,仔细观察庭院空间和现有物品的位置,以及这一天的天气、时段和特征是如何影响实际空间和空间感觉的。例如,晚上和周末,当喧嚣吵闹的景象不见时,城市里的一个小庭院可能会在感觉上更宽敞。在乡间,高峰时段的交通流量可能让你只想在离马路最远的角落里待着。你可能已经拥有足够建造一个大型天然水景庭院的空间,但是建造一个高墙环绕的小庭院,并带有一处精心设计的水景或许是一个更好的选择。

问问自己,你是想拥有一座围墙、花圃和树木融为一体、交相呼应的水景庭院,还是只想单辟开一个小空间设一处独立的观水设施?当你躺在床上睡觉时,水流声会打扰到你吗?还是会为你所爱?

同时也考虑一下朋友和家人们会如何看待这个空间,包括你的伙伴、邻居、亲属、孩子、宠物等等。如果你有小孩,一个大池塘会造成危险吗?你有大狗会跳到池塘里,弄得满身泥泞,把房子搞得一团糟吗?看看现有的那些树木,落叶和树荫会造成困扰吗?在庭院里待上一段时间,安静地站在或者坐在你最喜欢的地方,环顾道路、围墙和栅栏、邻居的窗边、电缆处、庭院的各条小径等等,试着把一切因素都细细分析一遍。

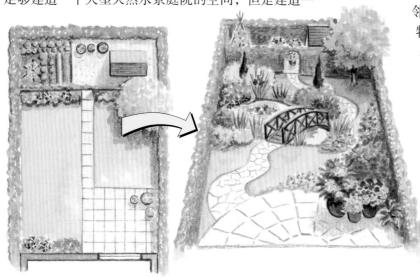

也许只是一个带桥的池塘,就可以彻底改变一座平庸的庭院。

机会

彼之困难，吾之机会。合理利用空间的秘诀在于要观察研究自己的场地——地面坡度、形态和土壤条件，然后尽可能地利用原有的条件。例如，不必认为岩石地面一定会成为难题，要想到废石也许另有用处。

· 如果你的场地是有坡度的，你可以打造一条流速较快的溪流，或者一系列阶梯状的池塘和平台，互相之间由跌水相连。

· 如果你的场地非常平坦，则可以建一个平和静谧的池塘。

· 如果土壤比较潮湿，你可以规划出大面积的湿地沼泽。

· 如果你的庭院中有一些有意思的隔挡，比如砖、石或燧石——你可以将它们设计成规则式池塘的观赏墙。

· 如果你有剩余的材料，碎石、石块或混凝土，你可以用这些对抬升式池塘进行回填。

· 如果你完工后剩下一大堆土，你可以利用它们重新修整庭院的外围轮廓。

问题

建造水景庭院可能会有很多阻碍，最好的办法是勇敢地面对并解决它们，或者根据阻碍相应地修改自己的设计。

· 如果你的场地坡度极大，例如，有个角度很大的斜坡，你可以考虑切断做一个平台，打造出一条瀑布。

· 如果你拥有一大片混凝土地面，比如一个旧木屋的地基，你可以用它改造为一个抬升式规则式池塘或一个露台的地面。

· 如果你有非常年幼的家人，也就是婴儿和初学走路的孩子，如果担心他们的安全，那么你可以等他们大一些再开工，或者充分培养孩子及大人的安全意识和技能。

· 如果你的庭院周围都是高大的成龄树木，你可以建造一个沼泽园，也许小型水景会胜过池塘。

· 如果地面几乎全部是岩石，你可以考虑建造抬升式规则式池塘。

水景庭院指南

水的流动　如果水的流动只能通过水泵来实现，最好的方法是将泵放置在蓄水池里，然后把水抽到一个高于蓄水池的地方，这样水可以再自动回流到蓄水池里。

蓄水池

大小和形状　庭院以及衬垫的大小和形状将决定你的池塘大小和形状。虽然预制成形的衬垫可能看上去是最方便的选择，但它们很小，形状完全固定，而且很难安装。另一方面，未经剪裁的衬垫可满足你对各种尺寸的要求，从而能够让你打造出一个任何形状和大小的水景。

岩涧

植物　植物需要阳光，并且，一些喜水植物有各自喜欢的水深。将池塘规划在合适位置并进行合理的设计，使植物能照到充足的阳光，并且让池塘从池面到池底分层渐深，满足不同类型的水生植物的生长要求。

水中盆栽植物

鱼类　粗略地讲，鱼的数量和池塘面积的合理比例可理解为手掌般大小的水面可容纳一条2.5cm长的鱼。蓄养池塘生物的最好方法是从种植植物开始，将池塘空置一年，然后再逐渐开始养鱼。

金鱼

维护　维护水景庭院不能等到鱼儿开始死亡、水渠和水泵开始堵塞时才开始，而是要制定一个长期的维护计划并按时实施。虽然时不时会弄得满身泥泞、浑身湿漉漉的，但那也正是乐趣所在。

清理水藻

给新园丁的小贴士

开始着手　如果你是一个兴奋紧张的新手，可以先画出整个庭院的设计图，然后再将工作分成可掌控的几个部分或阶段。例如用一年时间建造主池塘，第二年建造附属水景，诸如此类。

池塘大小　就设计一个水景庭院而言，基本规则是尽可能最大化水域面积。一个宽广的浅水塘通常比一个小的深水潭更加安全、易于蓄养生物和维护，当然也更美观。

目标清晰　建造和维护一个水景庭院无疑是一项重大决定，不仅体现在金钱上的投入，更多的是时间和精力上的投入。因此，如果你对庭院的设计和类型还没有任何想法，那你需要花更多的时间去参观更多的庭院。重要的是，你需要对此充满热情并具有坚定的决心。

灵感、热情和设计

我该如何行动？

完美的水景庭院是由同等重要的三个部分，即灵感、热情和设计所造就的。大多数人首先是从真实的体验中获得灵感——被某处庭院所吸引，又或许是在某个假日，坐在湖边、池塘边或水井边而有所触动。你的热情被灵感点亮而变成行动，你继续探访更多的庭院并开始设想自己庭院的面貌。最后，一旦你仔细考虑了所有的选项和结果，你就可以开始设计了。

灵感和热情

重要的是，一旦你开始受到触动，你就会变得充满热情。当然，只靠灵感和热情并不足以完成项目，你必须掌控这两种感觉和情绪，将它们转化成优秀可靠的、经过深思熟虑的设计。

审视你的想法

一旦你的热情被调动起来，你需要不断审视自己的想法，以确保它们能够成为现实。你可能想要一个大池塘、一个规则式池塘、沼泽园等等，但是，要你的院子足够大吗？庭院的位置适宜吗？你能负担得起建造及维护的费用吗？你必须要先盘算一番，或许会就此改变自己的想法。

为什么要设计？

打造完美的庭院需要灵感和热情，但不是仅仅凭借想象就开始开孔挖洞——你必须有一个全面的总体设计来指导你进行工作。无论发生什么，都不要拘泥于一种想法，而要灵活变通。不要惧怕不断变化的需求，只要调整思路就好。也许最初你想要一个大的、天然的草甸池塘，但是如果你的场地布满岩石、树木丛生，那么建造一个日式庭院或者一个粗犷型的庭院可能更理想一些。尝试将所有因素融入到你的设计中——你的想法、你的银行存款和你实际所拥有的条件。

一池盛开的荷花，如莫奈的油画一般，总有些美好可以启发你的灵感。

如果你喜欢掌控一切的秩序感，那么建造一组水面平静、绿意盎然的抬升式池塘更适合你。

优秀设计指南

一个简单的庭院更适合随时进行调整、变化，例如调整草坪面积大小和花坛的形状。而一个带有固定水域的水景庭院一旦设定则不容易改变，因为一个水景庭院的成功建造取决于各种因素间的互相搭配。

规模和形状 水域面积尽可能大，但是也不要大到让人在庭院里感觉不舒服，或者过于接近房子而造成潜在危险。自然形的池塘在任何地方看起来都不错，但是一个规则的几何形状池塘在靠近房子的位置看上去感觉最好。

和谐与对立 建造一个自然形池塘非常容易，但建造一个规则池塘却极其困难，因为自然池塘很快可以与周围环境融为一体。如果在房子附近建一个规则式几何形状的池塘，则必须考虑到各个方面，并严格执行计划，以便与房子和庭院建筑物风格和谐统一。

延续某个主题 一旦你选择了一个主题，比如海滨、湖畔或摩尔式的建筑风格，则应选择合适的植物和景色特征来承袭这个主题。

材料和技术 使用合适且实用的材料十分重要，比如在当地选购石料就非常经济实惠，还方便运输，但如果你决定采用鹅卵石、大理石等材料，你就必须意识到它们必然会与当地石材形成对比。另外，必须确保你的想法有可靠的技术手段帮助实现，例如切割技术或者铺砌技术。

水景庭院的风格和选择

规则式池塘

规则式池塘可以用衬垫与砖块、木头、混凝土和石头建成。虽然在技术上可以选择建造抬升式或嵌入地面的池塘，但它们通常在凸出地面时看上去效果最佳。可预制一些景观模型进行组合，实现更复杂的设计。

自然形池塘

自然形池塘最好用衬垫与完全隐藏的砖石和混凝土围边建成。

规则式水景

规则式水景的特征是呈几何形、棱角分明、边界垂直、严格控制植物的种植数量以及与房屋和相关道路、露台边缘等对齐。

天然溪流庭院

以小溪流作为水景，流动的景象可以牢牢吸引人们的目光。

日式水景庭院

日式水景风格庭院独特而有趣，它对自然的规则化诠释简直让人欲罢不能。虽然池塘、石组摆设、植物和耙平的细沙看上去都非常自然，不似人工所为，但其实采用的是一种规则而固定的设计方式。

为植物和鱼群而建的水景庭院

如果你最关心的不是水景庭院的外观和风格，对规则式还是无规则式水景的选择也无所谓，而是更期望能够拥有大量的植物和鱼群，那么，最好的选择无疑是建造一个天然水景庭院。你需要一个水域面积越大越好的池塘，用木板从池边向池中心铺出码头，顺着它可以从池边到达池中央。

植物和鱼群需要充足的阳光。可以将高大成荫的树木远离池塘种植。大多数情况下，池塘必须处于阳光充足的位置。

树木和池塘紧邻的组合并不理想。腐烂的树叶对鱼类来说是是有毒的，高大的树木还会遮挡阳光，树木的根部也可能会扎破池塘的衬垫。当然你可以在池塘边种一些易修剪的矮生树木，但是让池塘边长满成龄的高大树木，绝对是个糟糕的主意。

规划和建造

为什么需要一个总体规划?

如果想要项目顺利进行，你就必须考虑并解决所有问题——谁来做、做什么、何时做，以及工作的先后顺序、突发情况地应对。例如，预计的混凝土交付的那一天下雨该怎么办？如果提前事无巨细地规划好所有事情，包括图纸、材料清单和日程，你不仅可以用最少的汗水和压力来完成这项工作，还可以在这个过程中享受很多乐趣。

决定保留什么

当你规划一个新的水景庭院时，不要急着去移除现有的树木和大型建筑物；将它们考虑在你的设计内或许能成为"神来之笔"。如果你必须开挖孔洞、砍断树木或拆除建筑结构，那就尽最大努力重新利用这些材料。

测量你的庭院

首先为你现有的庭院画一个平面草图（俯视视角），标注边界线的总长度、关键角度、房屋位置、大门、其他建筑、你想保留的树木和植物、一天中各个时段的日晒角度以及你认为可能会影响设计的任何因素。

需要规划的附加景观

像桥梁和平台这样的一级结构本身就很复杂，需要单独为它们画平面图。例如，对于平台，你不仅需要用平面视角的图纸来显示它的全貌，也需要在截面图中显示包括支脚固件在内的所有关键细节。

截面图的作用

截面图展示了一个结构的截面视图，能够帮助你弄清楚如何去做一个设计。

按比例画一个平面图

在平面草图上标注尺寸后，在一张坐标纸上重新绘制精确的平面图（按比例）。如果纸面由1cm的方格组成，你可以使用1∶50的比例，也就是纸上的1cm代表庭院里的50cm（将你所有的测量尺寸除以50），这就是你的基本平面图。把你对新庭院的想法概略地标注在基本平面图的副本上。一旦你完成设计，在基本平面图上描绘一个总体规划平面图（将纸贴在窗户上，这样你可以透过纸张看到线条）。在图上使用记号笔或水彩颜料来帮助你画出植物种植方案。如果这听起来太繁杂，可以尝试使用一些你熟练掌握的电脑软件来绘图。

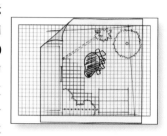

规划建筑物

首先决定一级结构需要设置在哪里——池塘、河道和水坑；然后接下来安置二级结构——道路、台阶、门、电缆和管道。确保施工过程中把所有事情都考虑在内。例如，如果你规划的道路和桥梁比较狭窄，可能割草机和推车则无法通过。

植物和鱼类

如果你特别喜欢湿生植物或某种特殊鱼类，那么要确保在规划和实施方案阶段创造一个适宜其生长的环境。如果鱼群喜欢平静而混浊的水域，植物需要含水量高的土壤，则要不断检查自己的设计是否符合要求。

供水和供电

用一根软管可以将大多数池塘注满水，但是对于一个大型池塘，你可能需要安装地下管道和一个自动补水系统（详见第15页）。还需要专业人士来帮助你安装一个用来运行水泵和灯的供电电源，或者你也可以使用低压电或太阳能。

规划清单

- 你是否已经完成了你的设计，包括建筑细节？
- 你是否确保你的设计不违反任何法律？
- 你的建筑设计是否有清晰的地下管道和电缆走向规划？
- 你是否需要朋友、亲戚或专业人士的帮助？
- 你有没有对比不同材料与服务的报价？
- 你是否有需要的工具？
- 你是否确定了工作顺序？
- 你有没有找到一种方法来保护庭院里的易损区域？

池塘衬垫

无论你选择什么样的池塘衬垫（丁基橡胶或者预制型材料），成功的秘诀都是要确保边缘能被完全隐藏起来。预制成型的池塘边缘最好用砖块或铺路材料覆盖，而柔性衬垫的边缘则可以完全隐藏在地下。观察一下其他池塘是如何利用不同技术来固定和遮挡衬垫边缘的。

一种隐藏丁基衬垫的方法，给人带来天然池塘的错觉。

地基

地基和基脚是混凝土或压实碎石组成的地下垫层，支撑着铺砌面、墙壁或其他结构的重量。地上结构越大，地基则必须越厚越宽。

墙壁

规则式池塘和某些水景常常需要利用墙壁围圈来蓄水（这些墙壁用衬垫或防水漆来防水）。可以使用混凝土将其隐藏起来，或者抹灰打底（涂上砂浆），也可选用砖石砌墙来制造装饰效果。砂浆（见下文）用来将砌块和砖石固定在一起。

台阶

铺设前，需要在纸上绘制一个台阶的截面图。在一小段台阶中，每一个台阶的深度（"梯段级距"）和高度（"矢高"）应该是相等的。一个台阶的矢高不得大于23cm。

材料

可以从专门的材料供应商、网店、建筑商店和二手店那里获得材料，以下精选出最有用的材料。

土工布　丁基衬垫　刚性衬垫
刚性层叠衬垫
塑料水坑　人造石铺材　平板石，不规则形状　岩石　鹅卵石
砖块　枕木（钢轨垫木）　年轮截面板　粗制木柱
透明的塑料管　铜管　铜管接头
木材节段　铠装管道　塑料管　塑料管接头
水泥　细沙　道砟　碎石　树皮碎片

工具

可以从专门的工具商店、网店、建筑商店和工具租赁公司那里获得工具，以下精选出主要工具。

卷尺　钉桩和细绳　水平仪（木工水平尺）　庭院耙
泥铲
独轮手推车
手套　桶　铁锹　铁铲　铁叉　长柄锤
石工（石匠）锤　加强（砖）凿　瓦工镘刀　窄锯条机锯　起钉（砖）锤
刀　电钻　充电式电钻　通用锯子
剪子　麻花钻头、冲击钻头和平钻头

混凝土和砂浆

混凝土——混凝土主要用于修建地基。将1份水泥、5份道砟（道砟是指沙子和碎石在一起的混合物）和水混合，形成干硬性拌和料。

砂浆——砂浆用于砖块、砌块和石头墙壁施工。将1份水泥、3份细沙（或施工用沙）和水混合，形成软滑性拌和料。

工作中的安全事项

在使用工具和材料时应始终遵守制造商说明书。施工细心、缓慢，并遵照建议穿戴合适的防护装备。避免在劳累或不舒服的情况下工作。水泥具有腐蚀性，应戴上护目镜、防尘口罩和手套来保护自己。让孩子远离施工区域。

充氧和过滤

**为什么这些是
必需的？**

水被泵抽取并经由滤网来过滤各种藻类和其他碎石屑等杂质，而要保证水中有充足的氧气则要经喷泉或者瀑布增加水与空气接触面积，或者在水中种植释放氧气的植物。尽管鱼类需要质量好、含氧高的水，这也并不一定意味着水必须很清澈，有些鱼就喜欢躲在浑浊的棕绿色水里。

我何时需要为池塘补充氧气?

氧气是使整个池塘生态系统健康运转的关键因素。氧气进入水中，让各种生命形式得以生存和茁壮成长，植物也受益，生态系统的车轮可以持续转动。如果水看起来是绿色的、满是浮渣，你就立刻需要为池塘补充氧气。

我何时需要过滤水?

如果你想让池塘的水变得清澈，但你还不想种植植物，或者至少不需要太多植物，那么你就需要一个过滤系统。过滤系统有两种类型：一种是滤去固体颗粒的机械系统，另一种是具有分解作用的生物系统。如果你想要完全清澈的水，你可以再进一步，安装一个紫外线辐射过滤器来收集和过滤藻类。

补氧植物

为了得到健康优质的水，并促进野生生物生长，用水生植物或水下补氧植物来保证池塘的氧含量是个好方法。这些植物叫做"氧合器"，因为它们吸收二氧化碳并释放氧气——这一过程对鱼类和其他池塘野生生物是很有益的。如果你仔细地观察一些生长密集的水生植物，将会从细小叶片中看到许多小气泡。

金鱼藻（角苔）是种在深水域的不错选择。

美洲赫顿草是一种喜蔓生的多年生植物。

欧洲水毛茛（水毛茛），一种小型水生植物，其花朵刚好露出水面，对一个大型的野趣池塘来说，是非常好的补氧植物。

喷泉

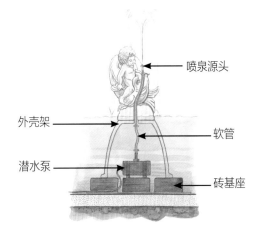

- 喷泉源头
- 外壳架
- 软管
- 潜水泵
- 砖基座

　　流动的水往往是健康的水。当水冒着泡在空中喷涌，可以显著增加水的含氧量。喷出的水珠越细小，氧气含量越高。喷泉是一个良好、快速、低成本的补氧选择，可以在一个下午的时间里安装并使用。在市场上有很多种喷泉可供选择——从小型的自给式水泵和喷雾装置（自带整体过滤系统），到巨大的雕塑喷泉（需要一个单独的大型水泵），应有尽有。

瀑布

　　瀑布的作用和喷泉一样，当流水倾泻而下时也在汇集氧气。这种装置不仅需要一个比喷泉更大的水泵，还需要建造一个集水坑和一个落水区。把水泵放在池塘里是一个不错的选择，这样池塘就变成了集水坑，再将水抽到池塘边上的土堤顶上向下涌出，流经一个或多个石阶，然后流回到池塘中。

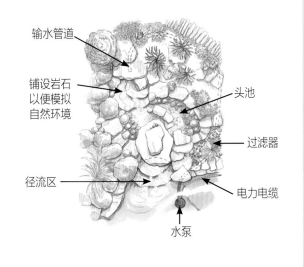

- 输水管道
- 铺设岩石以便模拟自然环境
- 头池
- 过滤器
- 径流区
- 电力电缆
- 水泵

过滤

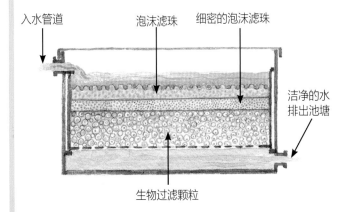

- 入水管道
- 泡沫滤珠
- 细密的泡沫滤珠
- 洁净的水排出池塘
- 生物过滤颗粒

单独过滤

↗ 大型的、不含植物的观赏性水池和池塘需要一个外置的机械加生物双重过滤器，包括固体过滤器和一个净化水的生物过滤器，整个系统放在一个水槽里。待过滤的水从池塘里被抽到水槽中，在那里经大大小小的泡沫滤珠滤出固体颗粒，继续流经那些有助于有益菌生长的生物过滤颗粒，随后，洁净的水流流回池塘。池塘越大，需要的过滤系统也就越大。

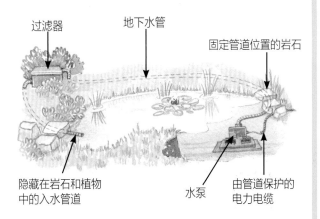

- 过滤器
- 地下水管
- 固定管道位置的岩石
- 隐藏在岩石和植物中的入水管道
- 水泵
- 由管道保护的电力电缆

池塘水泵和过滤器

↗ 没有植物也没有鱼的大型观赏性池塘也需要一个外置的机械生物过滤器。这种装置包括一个位于水中的水泵和位于旱地的过滤系统。水从池塘里被抽进过滤装置，过滤后，由水泵控制可以从不同高度的进出口流出，例如可以成为喷泉或瀑布。

水景庭院的组成

水景庭院由什么组成?

在水景庭院里,重要的组成元素包括集水坑、水泵、水渠、自动补水装置和溢流装置等,它们使得庭院里所有的景观功能发挥作用。例如,如果没有集水坑和水泵,你就无法拥有一个瀑布、溪流、壁挂水景、自给循环水景等等。如果你要建造一个成功的水景庭院,你就需要了解使这些景观成为可能的机制。

水泵、电缆和管道

喷泉源头喷嘴 → 伸缩杆
泡沫滤珠过滤器 → 叶轮

水泵

↗ 家庭庭院可选购一些适合大多数水景庭院的低压潜水泵。购买之前,确定你每分钟或每小时想让多少升水流动,以及你想让水流经多少垂直距离——换言之,水面到输送管道顶端的垂直距离是多少?

电缆和管道

↓ 有两种铺设水管和电缆到池塘的方法:你可以让它们经过池塘或水景边缘,避开主视角的地方,或者可以在法兰或垫圈处让管道经过。第一种选择更容易实施。

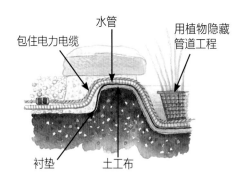

包住电力电缆　水管　用植物隐藏管道工程
衬垫　土工布

清洁水泵和过滤器

水泵和过滤器需要根据水泵大小和水质定期清洗。清洗顺序是关掉电源、拔掉插座、把水泵从水里拉出来、打开过滤器盖子,用温水清洗整个装置。要确保电源是关闭的,这一点非常重要。不要清洗生物过滤器,除非在专业人士的指导下。

池塘里水泵的安装

一般来说,水流的速度和流量往往取决于水流的流径长度。在安装水泵时,可根据对水流的不同要求来选择直接安装或间接安装。

直接

直接安装需要将水泵紧密耦合到输送管一端。例如,水直接从水泵流到喷泉,两者之间只有几厘米的距离。这个选项有两个优势:易于安装;水管和水之间的摩擦程度最小。

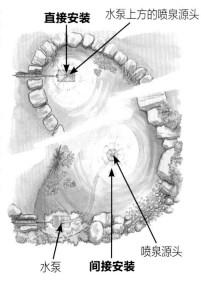

直接安装　水泵上方的喷泉源头
水泵　**间接安装**　喷泉源头

间接

间接安装需要让水泵和出水口输送管端远离彼此。例如,你可能在池塘或集水坑里有一个水泵,而出水口则在若干米外。水泵和输送管端的距离越大,水流的速度越慢,流量越少。

集水坑和蓄水池

"集水坑"是一个纯粹的功能性小容器,通常隐藏在视野之外,里面装满了将要被抽到另一个地点的水。"蓄水池"具有同样的功能,但是往往面积更大,在某种程度上可以起到装饰、展示作用。

集水坑

集水坑可以是一个专门建造的砖质箱式容器，经过水泥抹面并涂上防水涂料；或者是预制的装有足够水的塑料容器等。

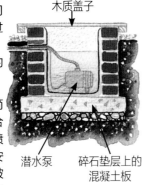

很多现代水景都是以简单的水泵和集水坑装置组合为基础，集水坑、水泵和喷头或其他景观都被设计和安装在一起。水在集水坑里被水泵抽取成为喷泉，再落回到集水坑里，然后重复运行形成一个连续的循环。

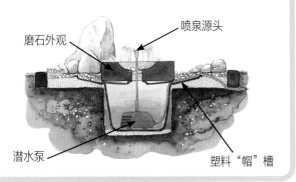

跌水蓄水池

将两个小池塘设置在不同高度上，就可为庭院打造一处跌水景观。较低的池塘作为蓄水池，而较高的池塘作为头池。运行过程中，水从蓄水池中被抽上去，在头池中满溢出来，形成片状水流效果，直接下降并落入到蓄水池中。水流过的溢洪道以及水泵功率大小和水流顺向速率，是决定跌水景观特征的要素。

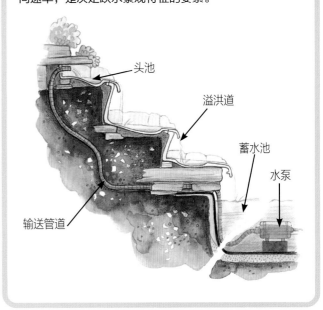

蓄水池

跌水蓄水池是一例非常好的蓄水池设计，设计中的池塘不仅是一个装饰性的池塘，同时也有蓄水池的功能。除此之外，你还可以考虑其他类型的蓄水池。

天然泉蓄水池　无论是一道地下喷涌而出的水流（大到足以形成溪流），还是沼泽地带的一股缓慢而稳定的渗流水，都可以被视为是天然泉的一种。如要在沼泽地带建造一个蓄水池，首先要挖一个坑，并将一个塑料容器放在坑里，以防坑的边缘塌陷。容器越大，蓄水池也就越大。

雨水蓄水池　打造一个雨水蓄水池的最简单方法是将落在屋顶的雨水收集到桶、水沟、水槽或池塘里。

水渠蓄水池　可以通过建造两个错层式砖质或石砌水槽来修建水渠蓄水池。将水泵放在较低的水槽里，在运行过程中，水泵将水从较低的水槽抽至较高的水槽，水再从较高的水槽溢出流回较低的水槽里，循环往复。

补水系统

雨水可以用来补充池塘和小溪里的水。你所要做的是将房屋周围的管道引入地下并接入你想要注满水的池塘，然后从池塘安装一个溢流管到沼泽园。

可以通过安装一个水槽，连同池塘边地面上的一个浮球阀和主要给水装置，来创建一个自动补水系统，这样水槽里的水位将始终在池塘里的期望水位上。在运行过程中，池塘里的水位涨落将打开和关闭水槽中的供水阀门。

天然池塘溢流

天然池塘最好能设置溢流点，这样多余的溢流水就可以用来为沼泽园供水了。把池塘的某侧边缘稍微降低一点，这样多余的水就会满溢到一个沼泽种植区。你可以将从屋顶收集的雨水从池塘一侧引入，溢出的水会从另一侧流出。

极简主义城市水景庭院

一个极简主义水景庭院既整洁又清爽，白色或浅色的墙壁、家具，大量使用铜、锌、不锈钢和玻璃等材料。浅浅的水域清澈透明，多种植草丛、棕榈和蕨类植物。它的维护工作不多，你不必经常修剪草坪和树木，但是你必须要保证家具上的油漆面无斑驳痕迹，各种器具闪闪发亮，一个极简主义水景庭院始终要保持最佳的外观。

设计选项

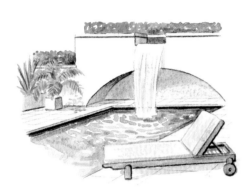

这种特征的设计需要为瀑布配一个大水泵。

一个小型下沉式水池能够突显周边的植物。

一条小溪或水渠落在鹅卵石铺面上，引人注目又生动活泼。

设计组成部分

如果你去观察一个普通的极简主义庭院设计，你会发现它们都是以几何元素为基础的，比如矩形和圆柱体、垂直的角度和光滑的平面，人造形状和自然风貌互为补充。这是一种"非黑即白"的设计——你要么彻底地坚持这种风格，要么就彻底放弃选择另一种风格。你准备好选择这种独特外观的庭院了吗？

这个设计适合你的庭院吗？

这不是一个适合孩子或宠物的庭院，更适合作为成年人休闲放松的场所，包括户外野餐、阅读和聊天。它需要保持绝对的干净利落——视野中没有孩子、垃圾箱（杂物箱）、褐色陶器花盆、旧的帆布躺椅，或者任何破坏笔直线条和光滑表面的东西。问问自己是否可以做到。

需要考虑的因素

如果你喜欢这种设计，但是却拥有一处乡间庭院，你可以在院子的某处围起一座"院中院"来打造极简主义水景庭院，两种截然不同的风格相互碰撞，也别有一番风味。

设计Tips

- 在院子四周建起高墙，这样你就可以创造出一个可控的空间环境。

- 粉刷墙壁——避免红砖和褐色的木制品裸露在外。

- 把墙壁漆成白色或浅色，比如蓝色和淡赭色。

- 建造一个与铺砌路面齐平的圆形或方形的水池。

- 使用几何形状的容器作装饰，白色、有光泽的锌质、玻璃或不锈钢的立方体、圆柱体和矩形等。

- 收集有特色的卵石，圆润光滑的它们便于摆成任何几何形状。

更多点缀

像此石球一样的一个大型人造物体，必定会吸引目光，旁边再增添几株植物，看上去很不错。

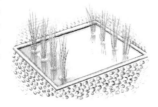

大胆尝试成排种植植物，这样种植让植物有生长的空间，但也受到空间的限制避免疯长。

即便是最狭小的空间也可以打造一处水景，但是小的空间则要求高品质的细节。

建造一个极简主义城市水景庭院

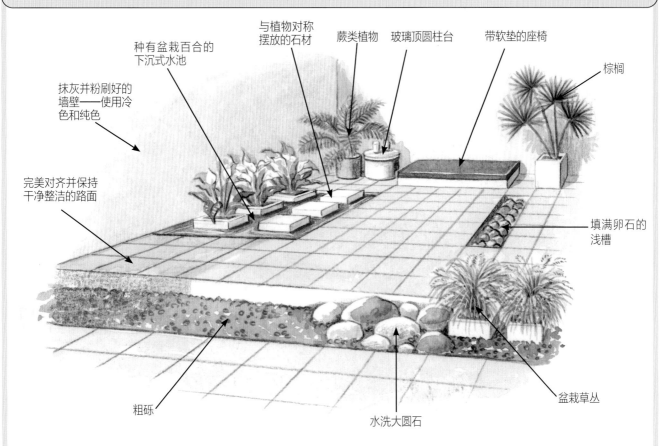

抹灰并粉刷好的墙壁——使用冷色和纯色

种有盆栽百合的下沉式水池

与植物对称摆放的石材

蕨类植物

玻璃顶圆柱台

带软垫的座椅

棕榈

完美对齐并保持干净整洁的路面

填满卵石的浅槽

粗砾

水洗大圆石

盆栽草丛

如果你拥有一个大约15m长、6m宽的城市庭院（最好有围墙），你可以将它改造成这种极简主义水景庭院。如果你喜欢这种设计，但是又不打算开挖孔洞，那么就考虑建造一个周围有铺板的抬升式水池。

工作顺序

· 画出你的设计图，以便把房子、边界线、固定不动的建筑、排水渠和大树都考虑在内。
· 把不需要的植物处理掉。
· 粉刷所有侧墙。
· 建造池塘。
· 安装一个带简单喷泉喷水口的水泵。
· 将粉刷过的墙壁漆成白色、浅色或其他冷色调。
· 铺设水池周围道路。
· 仔细安置选定的水洗大圆石。
· 摆放尽可能多的容器——白色、玻璃立方体和圆柱体、金属盒子等等（必须看上去很"都市风"，而不是传统风格的盆栽容器）。

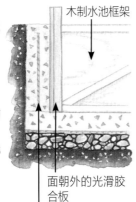

木制水池框架

面朝外的光滑胶合板

加固金属网

↑ 混凝土浇筑水池的细节截面图

维护与保养

首先，一个极简主义庭院需要时刻保持清洁。如果发现有杂物或者工具没有地方存放，你就需要建一个额外的仓库。

在每个季节开始和结束的时候，清理枯叶并拆卸潮湿的模具，重新油漆。

水质好坏依赖于水泵和滤水系统。定期拆下水泵和过滤器并清洁所有运行部件。特别注意过滤器收集垃圾的那部分。

给植物浇水并检查它们的生长情况。

冬季期间，家具需要放置在干燥地点。

升级

你可以在水流从主水池流入流出之间增添一处水景，这些可以作为自给式景观。如果你厌倦了这个极简主义风格，你可以增加植物数量，并引入鱼类。

"柳纹图"水景庭院

什么是柳纹图？

"柳纹图"*这个词指的是陶器上能看到的传统的蓝白中国风格绘画设计。这个设计背后有一个传说，讲述一个父亲不同意儿女与一个贫穷男孩之间爱情的故事，最后这对情侣化成一对白鸽，从而获得了永恒的爱情。湖泊、池塘或溪流、漂亮的桥、栅格式围栏、苹果花和柳树，这些熟悉的景象构成了一个美丽的水景庭院。

设计特点

白鸽
象征着永恒的爱情

柳树

装饰华丽的桥
包括一座桥和一些雕塑

栅格式围栏
方形，带斜十字木条支撑

亭子
细节要有东方风格

苹果花
开花越多越好

上图：如果你有足够空间，一座小桥是一个很棒的附加建筑，但是很难安插在很小的水景庭院内。

左图：这是一个陶器上的传统白底蓝色柳树图案设计版本，展示了此类庭院所有必备元素。

设计组成部分

理解这种设计的最佳方式是先去欣赏一个柳纹图案瓷盘，无论是19世纪的还是现代的。仔细观察一下这种设计，你会发现有五个基本组成部分：一个亭子或凉亭、水景、一座装饰华丽的桥、栅栏、一些苹果树和柳树，所有部分都具有中国元素。

这个设计适合你的庭院吗？

这种设计有点传统，为了准确体会设计风格，最好的方法是亲自到这类庭院去，并享受那里的所有乐趣。从一开始你就必须是全心全意地喜欢东方意象，拥有浪漫情怀。

需要考虑的因素

如果你喜欢这种设计，但是又没有空间来建池塘，你可以保持设计的整体感觉，将池塘改为一条小溪，溪流一端带个小型头池，另一端是集水坑和水泵。

---

*Willow pattern，一种描有蓝白色纹，类似青花瓷的瓷器，多画有垂柳等图案。——编者注

设计Tips

- 要么建造一个大的自然风的池塘，连同一条小溪从中流出，要么建造一条曲折的小河。
- 选择一个可满足你喜好的凉亭或露台风格，将其与东方风格的主题相匹配来打造一种外观效果。
- 亭子和水之间用甲板相连。
- 在池塘或小溪上建造一座窄桥。
- 用围栏或者桥梁点缀场景。
- 选择中国式花盆。
- 种植苹果树、柳树和竹子。
- 在池塘里放养鲤鱼。
- 试着建一座鸽房。

建造一个柳纹图水景庭院

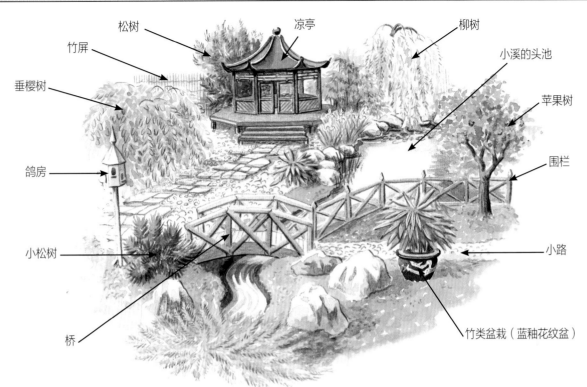

松树　凉亭　柳树
竹屏　　　　　小溪的头池
垂樱树　　　　　苹果树
鸽房　　　　　围栏
小松树　　　　　小路
桥　　竹类盆栽（蓝釉花纹盆）

你需要有一个很大的庭院。现在从网上可以很方便买到具有中国风的现成材料——竹类植物、陶器、维多利亚时代具有中国特色的物品，比如屏风和雕塑等。

工作顺序

· 画出你的设计图，以便把房子、边界线、固定不动的建筑、排水渠和大树都考虑在内。

· 把不需要的植物处理掉。

· 用竹屏、树篱和柳树作为围栏围住这个空间。

· 建造池塘，让一条小溪从中流出，蜿蜒曲折地穿过这座庭院。

· 建造凉亭，绕亭铺一圈木踏板。

· 建造桥梁。

· 在池塘周围、溪流沿岸放置岩石。

· 摆放大量蓝白中国水墨画风格的花盆等。

种植架　砖墙
衬垫　　　混凝土

↗ 所有结构都藏在地下

维护与保养

池塘和小溪需要定期清洁。

在秋季，清扫枯叶和碎屑，修剪垂死的树枝，将娇弱的植物移到室内过冬。

在冬季，清理枯叶，拆下水泵清洁。

在春季，清洁池塘，更换水泵，检查植物生长状态。如有必要则及时更换植物。

在冬季之前、期间和之后必须对凉亭检修，确保其清洁、干燥、无害虫。

升级

这种类型的设计可以很有趣：你可以淘一些旧货、二手物件来装点凉亭和池塘；可以向朋友或家人要一些看上去有中国特色的小件物品；还可在院子里举行中餐聚会等。

北美风湖滨庭院

搭建一座码头可行吗？

想象一下，安静地坐在湖泊木板码头的一端，欣赏着落日余晖，偶尔听见鱼儿跃出水面又扑通一声落回湖中。如果这个场景让你心生向往，那不妨先走访一个附近的湖泊，记下在那附近的小屋、堤台、码头和木板路，以及栖息在当地的野生动植物种类，然后可以开始设计自己的庭院了。

码头、平台和木板路

一个平静池塘，旁边有浅滩、绿地和一条通往水边的木板路。

湖滨庭院中搭配一个木制平台是非常惬意的，这个平台对于放松身心或者观察可能出现的野生动物来说也是理想的场所。

设计组成部分

在这个设计里有六个组成部分——池塘、堤台、阿第伦达克椅、小木屋、水生植物和环绕四周的树木。总体效果静谧而平和：一个乡间天然湖泊、茂密的芦苇和灯心草、四散游水的小鱼。如果你能在巨大的美式、加拿大式湖泊的基础上修建庭院，并将设计立足在小细节的雕琢上，你就准确掌握它的精髓了。

这个设计适合你的庭院吗？

尽管在一个面积宽阔的乡间庭院里修建一个大湖泊是个不错的安排，但你也可以在小庭院里设计小池塘，只要保证小木屋和平台的造型简朴，让周围长满各种各样的灌木和树木，一样可以打造此类风格庭院。

设计Tips

- 从绘画作品和老照片中汲取灵感。
- 试着建造尽可能大的池塘。
- 建造一个简单的小屋——没有花哨和艳丽的装饰。
- 在小屋前面建造一小片平台，从平台上延伸出一条木板路来。
- 多种树，比如柳属（柳树）、槭树和森林苹果，以及藤蔓植物，比如忍冬（金银花）和"黄叶"啤酒花。这些植物生长狂野、枝叶茂盛，远远看去，一片苍翠。
- 你需要种植喜湿和喜阴的植物，比如玉簪花、蕨类植物、鸢尾和灯心草。
- 找出几把简单的乡间阿第伦达克椅。

需要考虑的因素

如果你喜欢这种设计，但是空间有限的话，你可以搭建一个窄窄的平台，从池边向水中延伸，然后将现有的各项景致重新组合。例如，你可以修改设计方案，让一个现有的小屋处于设计的中心。

沿着池塘边缘搭建的平台是一个观赏水景的好地方。

建造一个北美风格的湖滨庭院

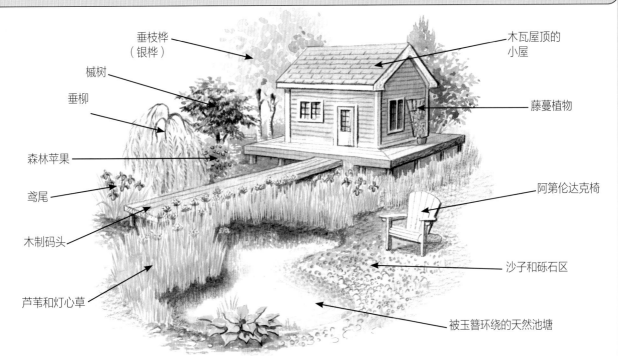

垂枝桦（银桦）
槭树
垂柳
森林苹果
鸢尾
木制码头
芦苇和灯心草

木瓦屋顶的小屋
藤蔓植物
阿第伦达克椅
沙子和砾石区
被玉簪环绕的天然池塘

此类庭院风格是以一个中等大小的庭院为基础进行设计的。它非常像湖边的垂钓码头，四周环绕着灌木丛、树林和湿地。要注意，此类风格不应有花坛或者草坪。

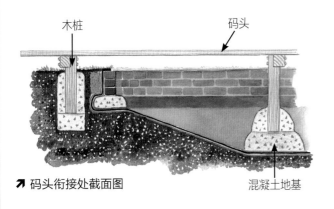

木桩
码头
混凝土地基

↗ **码头衔接处截面图**

工作顺序

· 画出你的设计图，以便把房子、边界线、固定不动的建筑、排水渠和大树都考虑在内。

· 把不需要的植物处理掉。

· 如果你需要屏蔽邻居家的房子，则可以利用柳树、高木板围墙来围起庭院。

· 打造一个水与土地自然过渡的天然型池塘。

· 用池塘衬垫的边角料来制作沼泽园的凹处，这样可以利用池塘满溢出来的活水保障沼泽湿度。

· 建造带平台的小屋。

· 从小屋平台处延伸出一条木板路，一直延伸到水面上。

· 种植树木、灌木、藤蔓植物和沼泽植物。

维护与保养

一个天然池塘需要定期清洁。

在秋季，清扫枯叶和碎屑，修剪垂死的枝叶，将娇弱的植物移到室内过冬。

在冬季，清理枯叶，定期破冰，以便鱼类呼吸。

在春季，清洁池塘，检查并更换植物。

在冬季之前、期间和之后必须检修小屋，确保其清洁、干燥、无害虫。

平台和木板路必须定期擦洗，以防止变得又绿又滑。

升级

打造此类庭院最重要的是坚持风格统一，将整个庭院的主题贯穿始终。例如，你可以用一些捕鱼木筏、鸭子模型或者某种更能烘托码头氛围的东西来装点庭院。也可以更进一步，在小屋里放上双层床——这样你或你的孩子可以夜宿在那里，这将会带来很多乐趣。如果你担忧孩子们从木板路跌入水中，还可以在两侧竖起围栏。

日式水景庭院

此类风格是否适合大型庭院？

印象中的日式水景庭院都是既小又封闭的，那不过是因为日本传统文化很大程度上注重小的、私密的和安静的空间，其实日式庭院风格也适用于大型且祥和的庭院。日本园艺家们创造了一种独特的结构化方式来思考水景和园艺的乐趣，在某种程度上，他们已经固化了此类庭院的组成元素、特征和植物等。

设计组成部分

对于此类庭院，你需要在一个安静的庭院里凿挖一个尽可能大的池塘，并种植植物以作为背景，比如竹子、槭树和矮松。其他组成部分包括一个石灯笼、大卵石、岩石、凉亭和一个竹制鹿威。你也可以搭配上一些垫脚石。

一个小号的H型支架搭配上凿制的石盆，一个迷人的日式景观"鹿威"立刻呈现。

这个设计适合你的庭院吗？

首先，一个日式水景庭院必须具有静谧、沉寂的氛围。如果有吵闹的孩子、哗啦作响的塑料玩具或狂躁的宠物，则与这种风格就不搭配。如果你有一个非常大的院子，或许你可以在庭院里建造一个小型的专属私人庭院，但是如果你有孩子，庭院也非常小，就不合适这种风格了。

需要考虑的因素

如果你有一个非常小的院子，那你可以考虑不要池塘，而是用一个装满水的蹲踞式石水盆，或者一个雅石盆来代替，设计把沙图案和一系列垫脚石来创造有水的枯山水景象。

日式水景庭院的更多创意

一个有涓涓流水和戽斗的简单水盆就能突显日式风格的。

水盆和入水口置于下沉式回音室上，能发出不寻常的声响。

一个鹿威由一个木架、竹筒和击打石组成。

一个传统的日式石灯笼，象征光、火和指引。

设计Tips

- 从图片、书籍或电影中感受真正的日式水景庭院的设计风格。
- 用高墙、竹屏或一条树林带围出庭院空间。
- 一层薄薄的白色乳状液（乳胶）能打造出饱经风雨的作旧效果。
- 用松树、柳树和槭树作为背景植物。
- 可种植很多苔藓、蕨类植物、草丛、矮松和竹子——但是不能有花境。
- 增添日式风格物品，比如一个鹿威、石灯笼等。
- 寻找一些圆润有特色的石头。

建造一个日式水景庭院

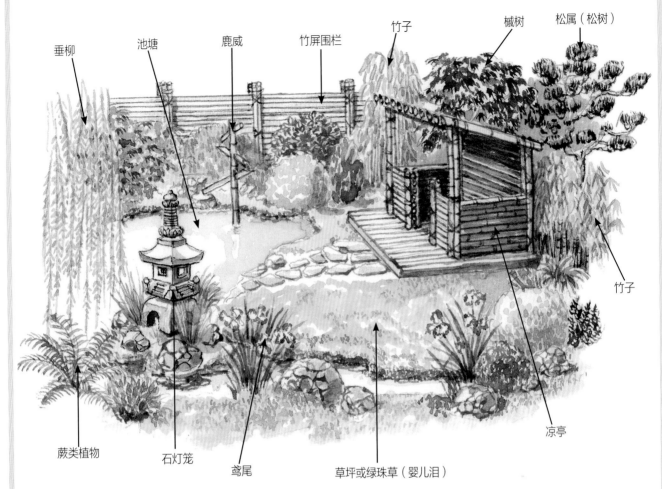

垂柳　　池塘　　鹿威　　竹屏围栏　　竹子　　槭树　　松属（松树）

蕨类植物　　石灯笼　　鸢尾　　草坪或绿珠草（婴儿泪）　　凉亭　　竹子

　　如要打造一个如上图的庭院，最需要的是一个足够大的院子，可以让你拥有一座平和的日式庭院。

工作顺序

- 画出你的设计图，以便把房子、边界线、固定的建筑、排水渠和大树都考虑在内。

- 将你想要保留的植物做标记。

- 挖掘并建造一个尽可能大的池塘，使用丁基衬垫。

- 在池塘中建造一个小岛，并将石灯笼设置其上。

- 建造一个简单的遮雨棚。

- 将一个或多个旧木椅放在遮雨棚里。

- 在花盆中种植竹子和矮松；让绿珠草在地面上蔓生；在水边种植蕨类植物和鸢尾。

- 用碾碎的树皮覆盖地面和植物周围。

维护与保养

　　日式水景庭院被描述为"一片需要悉心管理的自然"。所有的东西都需要小心维护，并且它看上去是不受时间影响的，春去冬来，它始终如一。

　　维护的诀窍是保持庭院的整洁，且不要让它看上去被修整过度。当然你需要除草、修剪草坪、清洁池塘、扫除枯叶等等，但是不要工作过度。

　　如果草上长满青苔，菌类开始在围栏上生长，水边的草坪或绿珠草垂下池塘，都会增添自然的效果。

升级

　　你可以挑选一些盆景放在一个安静的角落。你也可以搜寻一些苔藓、老石、一棵倒下的布满苔藓的枯树干、老橡木之类的东西，精心布置在庭院中。

　　你还可以把一片砾石区或者一个小型的封闭休息区设计在内。

古典风水景庭院

如何让一座庭院具有古典风格？

一个古典风水景庭院可以直接或间接地从古希腊和古罗马艺术作品中汲取灵感和意象。在一个有着大房子的庭院里，站在中轴路两边对称的空地上，可以看到柱廊、凹槽柱、藤架、刻有仙女、神仙和精灵的雕塑，还有带有壁式喷泉的规则式池塘，这是经典的古典风格庭院设计。

完美的对称

一个长方形池塘镶嵌在铺砖露台中央，会在视觉上增加庭院的长度。池塘一侧的瓮缸则额外增添了一抹古典主义风格色彩。

一个带有壁式喷水口的古典错层式池塘，水从喷水口中涌入池塘，又流进蓄水池。

设计组成

由于池塘位于中心线上，池塘两侧所有东西都必须呈镜像对称分布。所有搭配的细节——瓮缸、容器、雕塑、藤架等都必须具有古希腊和古罗马风格。

这种设计适合你的庭院吗？

首先，一个古典风格的水景庭院呈现出井然有序的氛围，一切都以池塘为中心，视线以池塘为基点向四散延伸。理想情况下，你的庭院应该位于一个有坡度的位置，这样当你从房屋走出后，就可以直观感受到对称带来的秩序感。

设计Tips

· 从豪华乡间别墅中的古典庭院汲取灵感——研究一些展示欧洲各国（英国、法国、西班牙和意大利）18和19世纪庭院的照片、杂志和油画。

· 此类庭院最好用高大的围墙或者绿植篱笆墙围起来。

· 确定主要视角——即有池塘的露台上，确保中心线从此处开始向四周延伸。

· 所有景观包括摆饰、植物、花坛等必须沿中心线呈镜像分布。

· 种一些盆栽植物，例如黄杨属（黄杨）树篱、地中海柏木（意大利柏木）、月桂（桂冠树）、欧洲红豆杉（紫杉）和玫瑰。

· 在草坪上种植一些花卉。

· 增添一些古典意象，比如凹槽柱、希腊式、罗马式的雕塑还有坐椅。

需要考虑的因素

如果你的院子位于一个完全水平的位置，你可能需要通过移土铺垫来调节坡度。如果斜坡横穿整个庭院的宽度，你可以将观景台置于较低一侧，远离房屋的位置。

更多创意

几截凹槽柱可以塑造出古希腊或古罗马的风格。

一个带有古希腊或古罗马细节特征的石凳将增强古典效果。

建造一个古典风格的水景庭院

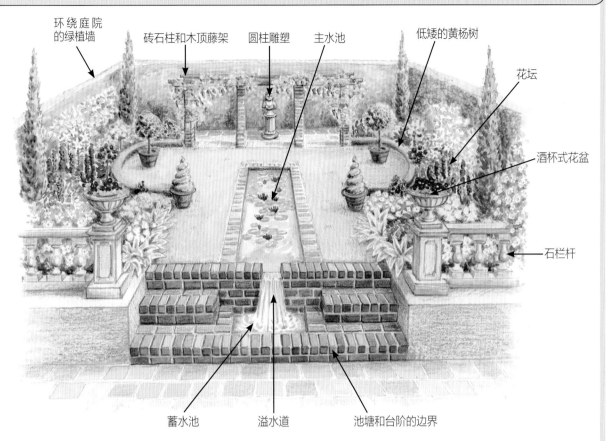

环绕庭院的绿植墙

砖石柱和木顶藤架

圆柱雕塑

主水池

低矮的黄杨树

花坛

酒杯式花盆

石栏杆

蓄水池

溢水道

池塘和台阶的边界

这个设计需要大一点的庭院，建在房子后面微倾的斜坡上。

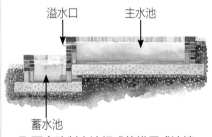

溢水口 主水池

蓄水池

➔ 两个砖制水池组成的错层式池塘，水可以被水泵抽回到主水池中

工作顺序

- 画出你的设计图，以便把房子、边界线、固定的建筑、排水渠和大树都考虑在内。

- 将你想要保留的植物做标记。

- 在设计图上标注出中心线。

- 用砖块和丁基衬垫在中心线上建造一个凸起的错层式池塘。

- 将水泵和过滤器安装在低层水池，输送管通向高层水池。

- 在池塘的两端分别造一个红砖或石板露台，一个在靠近房屋处，另一个在庭院的尽头。

- 从下坡的露台处开始建造台阶。

- 以池塘为中心，在上坡的露台上方建造一个木藤架。

- 铺设草坪和打造花圃。

- 确定摆件的位置，如雕塑、瓮和柱子，并在合适的位置放上几件家具。

维护与保养

一个古典的水景庭院必须干净、整洁，植株修剪整齐。

水泵和过滤器必须定期清洁——如果经常有树叶落到水里，就需要每周清洁。确保溢水孔干净，无碎屑杂物堵塞。

在整个生长季节，少量多次修剪长得较快的树枝，修剪草坪边缘。

庭院想要看上去具有古希腊或古罗马风格，就要将任何会破坏这种风格的东西移除，比如儿童玩具或其他风格用品。

升级

你可以找一些具有维多利亚时代风格的物品摆放出来，比如石头或大理石卷轴、石板座椅或破碎的柱子等任何看上去像是从古希腊或古罗马时代出来的东西。你可以将院子里的黄杨树或柏树修剪出各种形状——圆柱、锥体、球状或棱形。你也可以建造二级特色水景建筑，比如古典的壁式喷水等。

山涧庭院

这种庭院是不是很难建造？

去看看山涧，或者在脑海里回想一下山涧的样子，水面涟漪的形状，流经岩石、浅滩时发出的汩汩声，曲折紧密的深潭，甚至被水流冲刷光滑的卵石。然后尝试在你的庭院中建造出你所看到或想到的景象，即使你只能展现其中的一小部分，你也可以拥有一个美丽的天然水景庭院。

自然形态的溪流

上图： 可以在沙子、瓦片和岩层组成的基础上修凿一条具有自然形态的湍急溪流。

左图： 完美的山涧。光秃秃的岩石意味着此时在雨季，溪流可能会随着雨量的增加而变得湍急。

设计组成部分

山涧必定有厚实的岩层作为基础，大量的水涌出，冲刷过石头、岩壁，最后落为瀑布。水流必须迅猛、快速、湍急。河床需要铺设大量水流冲刷过的石头和瓦片，水中几乎没有植物。周围应有足够的空间，以便观赏者可驻足欣赏整个景致。

这个设计适合你的庭院吗？

这个庭院最好能在一个宽阔、多岩石且有坡度的环境下修建。因为运输石头的成本非常昂贵，所以如果你附近有富产石头的场地，将为你省去很多麻烦。相比之下，在地势平坦处修建此类水景是一件不太容易的事。

需要考虑的因素

如果你的庭院位于地势平坦的地区，那么可以建造一个小溪流，或者建造溪流的一小部分——仅仅一个转弯或一处单独的跌水。你可以引一股湍急的水流从庭院中流进流出，可以隐藏出水口，以此来"骗过"观赏者，让他们以为有一股迅流从地下涌出来。

设计Tips

· 从山涧中汲取灵感。

· 选择或者建造一个有坡度的地面。

· 选好石头——包括石片和石板，以及大卵石和瓦片。尝试用一两块巨石。

· 由于此项目整体效果的好坏取决于水量和水速，你需要拥有一个大功率的水泵。

· 需要在溪流顶端建一个水池，在另一端加一个水泵。

建造一个山涧庭院

常绿乔木

急流区

激流

杜鹃花

位置绝佳的
观景野餐桌

原木座椅

水边的
鹅卵石

平缓水流

　　如果你想要建造一条湍急的岩间溪流，并且沿途有若干因落差形成的小跌水，那你需要大约30m宽、60m长的场地，并且最好位于一个平缓的斜坡上。

工作顺序

- 画出你的设计图，以便把房子、边界线、固定不动的建筑、排水渠和大树都考虑在内。
- 把不需要的植物处理掉。
- 标出溪流水渠并挖掘。
- 在溪流下游端挖掘一个集水坑。
- 将水渠分级，让水渠的高度逐级下降。
- 沿水渠边缘砌一层低矮石砖墙。
- 先用一层土工布覆盖挖好的水渠，再铺一层丁基衬垫。

- 将岩石和石头置于两层垫上，让它们紧贴在砖墙上。
- 在水渠底埋设一根从集水池到溪流顶端的输水管。
- 在集水坑中安装水泵。
- 将岩石铺在整条溪流边缘，以便让砖墙完全隐藏起来。
- 在缓弯处一侧种植一些植物，比如日本鸢尾、禾草、欧紫萁（西洋薇）和柳树。种植你选择的常绿乔木和灌木，作为此庭院的背景植物。

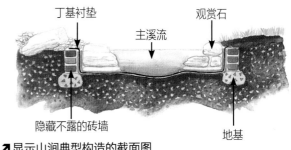

丁基衬垫　　主溪流　　观赏石

隐藏不露的砖墙　　地基

➔显示山涧典型构造的截面图

维护与保养

　　这个庭院的整体特征想要完美呈现，则依赖于大面积的水域，溪流要么全程奔泻而过，要么至少在溪流的某一段设计出湍急的急流区，因此保持水泵良好的工作状态尤为重要。

　　去除集水坑里的叶子、碎屑、垃圾和淤泥，并确保水管的两端都很干净。

　　定期拆下并清洗水泵。

　　如果水位下降，要及时补满水。

升级

　　你可以通过将二级溪流引入主水域来扩展这个主题庭院，这样则可能需要在集水坑里安装不止一个水泵。你可以将雨水收集管接入地下管道，以便节约生活用水。你也可以一步步修建水池、岩石和假山，逐步建造整个庭院，最终创造出一幅如同山坡上一枚剪影般的全景图。

地中海式水景庭院

此类庭院的主要景观是什么?

这个风格从地中海的周边国家汲取了灵感。那里的抬升式池塘周围铺满瓷砖和彩砖,看起来略微有点摩尔或北非风格;水流嵌在瓷砖装饰的封闭庭院里,看上去像是摩洛哥或西班牙风格;清澈的水池映着白墙,看起来又有一点希腊风格,凡此种种,不胜枚举。光滑的抹灰马赛克瓷砖墙壁,明亮的色彩和清澈的水池,使得庭院既清新洁净,又火热多彩。

瓷砖、拱门和墙壁

一个四周有彩色瓷砖装饰的抬升式小水池,颇具西班牙情调。

拱门的形状和风格体现出是一个摩尔或北非风格的庭院。

顶上铺有瓷砖的墙和橄榄形罐子展示的是希腊式庭院。

设计组成部分

如果你观察一些典型地中海式水景庭院,你会发现它们都有一个露台、高墙、水池和马赛克图案,这是共同的特征。虽然这个设计风格本质是建造一个错层式露台,带有一个出水口,以便将水流向较低的水流中,但也可以在同一水平高度上挖掘水池,来营造同样的效果。

这个设计适合你的庭院吗?

理想情况下,为了实现这个设计,你需要拥有一个周围有高墙的小型花园庭院。如果你的庭院平淡无奇,也没有围栏,你需要建造高墙粉刷,这在你的庭院中能够实现吗?

后退一步再看你的庭院。如果你住在乡间并拥有一个庞大的不规则形状的庭院,你将有两种选择——你可以在整个庭院四周砌起高墙,或者仅仅在大小合适的空间里围出一个小庭院,建造一个露台,并开挖河道。

设计Tips

- 地中海式水景庭院最好建在封闭式庭院里,或者至少在一个较大空间里的小型封闭区域里。
- 在庭院四周建造高墙,这样你可以打造一个完全可控的环境。
- 用砖铺设河道和水槽——砖比混凝土块要容易使用得多。
- 从古典的摩尔式庭院中汲取灵感。
- 用玻璃或瓷砖以及破碎的陶器拼制马赛克图案。
- 选择瓷砖的颜色来点缀庭院。
- 选用异域树种和植物——棕榈或类似棕榈的树木、草丛。选择喜欢干燥、阳光和沙质条件的植物,比如苔草、草海桐科沼生草、新西兰羊茅和龙血树。

需要考虑的因素

如果你审视设计图,你会发现这是以河道为中心形成两边对称的设计。你可以缩减或扩展这种布局来适应你的庭院大小和形状,还可以借鉴安东尼奥·高迪的平滑曲线来规划庭院空间。

更多创意

可使用瓷器和瓷砖碎片来制作一种异国情调的马赛克图案,这在一个摩尔式庭院中会十分奇妙。

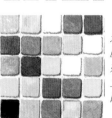

这些瓷砖的颜色如同地中海明媚的阳光、红褐色土地、树叶和漂亮的白房子。

怎样建造一个地中海式水景庭院？

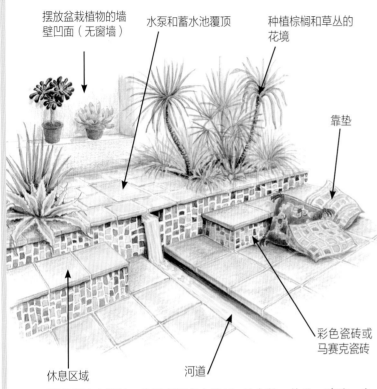

摆放盆栽植物的墙壁凹面（无窗墙）
水泵和蓄水池覆顶
种植棕榈和草丛的花境
靠垫
彩色瓷砖或马赛克瓷砖
河道
休息区域

要实现这个设计，你需要拥有大约15m见方的一块地，建造一个错层式水景庭院，由台阶来连接两层。

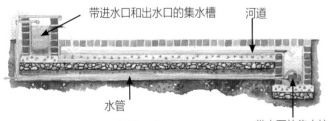

带进水口和出水口的集水槽
河道
水管
带水泵的集水坑

↗ 河道截面图，展示集水坑、水泵和管道的最佳布置

工作顺序

- 画出你的设计图，以便把房子、边界线、固定建筑、排水渠和大树都考虑在内。
- 把不需要的植物处理掉。
- 在庭院四周建造粉刷平整的高墙，或将现有的墙粉刷。
- 建立两层高度不同的分阶，并确定连接各部分台阶和种植区域。
- 挖一个坑作为池塘。
- 将刚性衬垫固定到位，并挑选出放在较高一层的衬垫。选择一个斜槽或出水口来连接两者。
- 铺上碎石，加固上下两层台阶。压实碎石以便填满所有的空隙。
- 把所有的铺板固定好。
- 将所有的垂直面铺上瓷砖或马赛克砖。
- 安装一个水泵和过滤器，这样水将从较低的水池被抽到较高的水池中。
- 在院子里或周围种植具异域风情的植物，比如苔草、草海桐科沼生草、新西兰羊茅、龙血树、禾草、龙舌兰、棕榈（山棕）和澳洲朱蕉
- 在花盆里种植畏寒植物。
- 如果低层水池里还有空间，可种植水生植物，比如花叶水甜茅（甜味草），花叶菖蒲（斑叶菖蒲）和水芋（沼泽海芋）。
- 在地面覆盖一层碎石，或碾碎的彩色玻璃。

维护与保养

要定期清洁铺砌板和瓷砖、马赛克砖。由于马赛克砖是用来吸引注意力的，所以要花时间维护，确保它们处于最良好的状态。一旦发现问题，立即进行维修。

清理水池中的叶子和碎屑。

在冬季将畏寒植物移入室内。

定期检查并清洁集水坑。清洁一个低压泵的最佳方式是把它拆开，用洗手液清除藻类。不要给池中的泵加油——油会杀死植株。

根据你的水池深度和种植植物的生长程度，你可能要在植物的生长季节对植物进行分株。

升级

你可以收集一组陶器来丰富这个主题。如果你欣赏过西班牙著名建筑师和艺术家安东尼奥·高迪的作品，你会发现他善用陶器碎片（盘子、茶托、瓷砖、杯子，其他任何有合适颜色的东西）制作了大片的马赛克图案。还可以试着模仿高迪的设计风格来装饰背景墙。

漂流岛式庭院

它看起来有真实感吗？

18世纪初丹尼尔·笛福的《鲁滨逊漂流记》讲述了主人公漂流到荒岛的故事，而我们可以从中看到一种不一样的庭院风格——一个周围有栅栏的简单小木屋、热带植物、延伸入海的沙滩上摆着贝壳、箱子、木桶和绳索。你可以用茅草覆盖屋顶，安装自制的双层床和椅子，收集有关航海相关的零碎物品……这种风格有无限的可能性。孩子们会爱上这个设计。

小屋和隐匿处

有着鲁滨逊式小屋的庭院。

你设计的每一处细节都有助于突显荒岛风格。

这是个适合一边闲坐一边神游远方的完美空间！

设计组成部分

整个项目的设计从《鲁滨逊漂流记》的故事里汲取灵感。你可以建造一个小屋，屋前挖一个有沙滩的池塘，或者建造一个周围有池塘和溪流环绕的小屋。无论你如何布置，此设计的三个主要元素是小屋、水和沙滩。

这个设计适合你的庭院吗？

为了达到满意的效果，从平地过渡到池塘的斜坡要用水洗沙子、细木片或卵石铺就，不能有淤泥和植物。一个大水泵和一个健全的流水系统可以保证水的清澈。相比起池塘，这更像一个清澈的戏水池，因此对一定年龄的孩子来说确实具有吸引力。这些是你理想中的庭院吗？

需要考虑的因素

如果你真的想要大肆花钱将设计升级，那你可以建造一个有沙滩的大型戏水池——就像一些海滨主题公园那样。

更多创意

一个流水的笼头和木桶让人想起了18世纪和19世纪的生活。

如图的"蚌壳水池"可以激发出对充满异国风情的热带海滩和蓝绿色海洋的遐想。

设计Tips

- 有一个池塘，并且有蜿蜒迂回的水流流入池塘。

- 有一个小屋，看上去像是用打捞的旧浮木建造的。

- 将木屋建在稍微高一点的位置，要么用支柱建成吊脚屋。

- 确保从小屋到水池间的区域看起来像一个天然沙滩。

- 试着用粗木杆或竹篱笆来制造栅栏。

- 种植树木作为小屋的背景。

- 种植一些具有异域风情的树木和植物——棕榈或类似棕榈的树木和竹子。选择适宜生长在干燥、日晒充足和沙质土壤条件下的植物。

- 自制一些简朴的家具。

建造一个漂流岛式庭院

吊脚小屋
用茅草覆盖屋顶
竹子和棕榈
用竹子或粗木杆制成的栅栏
粗砾和沙子
矮草丛
溪流
水桶和简朴家具
池塘

你将需要一个中等大小的庭院来实现这个设计，让它看起来就像《鲁滨逊漂流记》里的一个场景。此设计需要很多沙子来打造沙滩。

工作顺序

· 画出你的设计图，以便把房子、边界线、固定的结构、排水渠和大树都考虑在内。
· 把不需要的植物处理掉。
· 如果你需要屏蔽毗邻的房屋，就用粗木杆或竹子和高木板制成的栅栏围住庭院外围。
· 用一种柔性衬垫铺底，挖一个大的浅池塘，并藏好衬垫的边缘。
· 让小溪局部环绕小屋。
· 用细木瓦、小卵石和水洗沙子铺垫整个区域。
· 安装一个水泵和过滤器，这样水从溪流末端的一个集水坑中被抽回池塘。
· 在一个可以俯瞰池塘的小土坡上建造小屋，或者将小屋建在短支腿或短支柱上来升高它的高度。
· 在小屋周围种植一小片矮草丛。
· 种植竹子、禾草、龙舌兰、山棕榈、龙血树、澳洲朱蕉等任何看起来像是属于热带岛屿的植物。在容器里种植畏寒植物。

维护与保养

由于此类庭院整体效果取决于水是否清澈，你必须确保水泵和过滤器时刻处于良好的工作状态。

去除叶子和碎屑，并确保泥土不要落入池塘。

在冬季将畏寒植物移入室内。

持续往小屋周围的区域补足沙子和粗砾。

给小屋和围栏涂一层非常薄的白色乳胶漆，这样它看起来像是被太阳晒褪色，并且风化了。

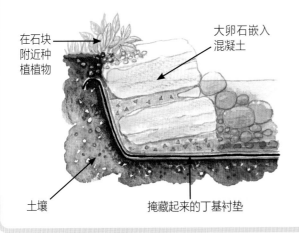

在石块附近种植植物
大卵石嵌入混凝土
土壤
掩藏起来的丁基衬垫

← 显示衬垫边缘细节的溪流截面图

升级

你可以让小屋主题化——用茅草覆盖屋顶，添加少量浮木，加上海滨遗留的零碎物品，比如旧绳子、原木、小段链子或旧舷窗。如果你住在海边，你可以找一艘被遗弃的划艇。还可以收集废旧杂货店售出的物品来装点小屋——灯、锚、贝雕画等任何具有海洋风格的东西。

维多利亚式覆顶水景庭院

这种风格有什么必需要素？

这是一个相当规则的水景庭院，带有一个小的抬升式水池，大面积砖石铺砌、高高的种植箱，以及很多青翠欲滴的绿叶植物，比如蕨类、常春藤、棕榈和禾草丛。所有东西的上方通常有玻璃或其他透明材质的覆顶。试着想象一下，将一个现代温室和一家维多利亚时期意大利酒店与种着棕榈树的宏伟又具有历史感的中庭结合起来，就是这个风格的准确印象。

有屋顶的庭院

一个带有藤架屋顶的经典水景庭院。

温室中摆放着精致的铁艺家具，屋顶则爬满了葡萄藤。

石柱和漆过的格网式屋顶赋予了这个庭院一派旧式古典外观。

设计组成部分

此类型庭院有五个基本元素：红砖铺设的平台、地上规则池塘、透明屋顶、盆栽植物，以及柱子。你也可以将高大的格子围栏放在四周。如果你安排得当，它会给人一种温暖、安全、私密又大气的感觉。

这个设计适合你的庭院吗？

当你想要享受户外的生活而又不想被天气或邻居影响，这个有屋顶和格子围栏的院子不仅可以为你遮风挡雨、成荫纳凉，还确保了隐私安全。

设计Tips

- 从照片、杂志和历史文献等任何记录了19世纪中后期的覆顶式水景庭院资料中汲取灵感。

- 理想情况下，这个场地周围需要用高墙或围栏进行局部封闭。

- 这个设计经过调整后可以适用于任何地方——城市里的一个小型庭院，一个大型乡间庭院里的休憩区，甚至可以作为一个大型温室。

- 需要有一个小的抬升水池，根据需要可以设计为圆形或方形。

- 水池里可以有一座非常小的喷泉。

- 水池周围的区域必须铺设石砖。

- 必须有一个玻璃或塑料的透明屋顶。

- 水池里需要有水泵和过滤器，保证水质良好。

需要考虑的因素

你可以通过在一个大型温室中建造水池来获得同样的效果。

更多创意

真正的化石外观很漂亮，而且也有助于塑造庭院的维多利亚式风格。

你选择放在庭院里的雕塑的形状和风格将是实现整个设计的关键所在。

怎样建造一个维多利亚式覆顶水景庭院？

- 葡萄藤覆盖的顶架
- 石柱
- 蕨类盆栽
- 砖制抬升式水池
- 石板地面
- 大棕榈树
- 房屋
- 拱形窗户
- 铁艺桌椅
- 蕨类植物
- 花坛

只需要一个6m见方的小小空间，就可以打造一个覆顶水景庭院。

工作顺序

- 画出你的设计图，以便把房子、边界线、固定的建筑和大树都考虑在内。
- 保留想要的植物。
- 用刚性塑料衬垫铺设水池。
- 用红砖或石板在水池周围铺设一个平坦的露台。
- 可用带有精致雕刻的石柱撑起玻璃或塑料的透明屋顶。
- 添加盆栽，比如玉簪花、蕨类植物、常春藤、倒挂金钟和百合等。
- 四周种植葡萄。

- 瓷砖池沿
- 刚性衬垫
- 填满沙子
- 外部砖层
- 内部砖层

↗ 砖制抬升式水池截面图

维护与保养

用大量植物和维多利亚风格的铁艺家具装饰庭院，会呈现出最佳的景观效果，但如果摆放不当则整个区域会看上去杂乱无章，你需要对这些东西的摆放位置进行仔细规划和管理，确保杂而有序。

还有很多清洁和维护工作。水池必须干净整洁；水泵和过滤器必须定期清洁；露台上面不能有碎屑和落叶；屋顶也必须保持干净明亮等。

升级

你可以收集一些具有维多利亚时代或爱德华时代特征的物品，比如英国皇室御用的明顿瓷砖、半身人像、铁艺灯具、具有民族风情的黄铜和铁制品等任何有助于打造丰富而年代久远感觉的东西。你可以建造二级水景，比如一个古典壁式喷水设施。还可以建一个在水池里汩汩喷涌的小型喷泉。

野趣水景庭院

怎样才能吸引野生生物到我的池塘中？

你需要挖一个"伪"天然的池塘，在池塘附近要有湿地、树木、巢箱和林间小屋，还有成堆的、长满青苔的原木和落叶，以及一个精心构思的最佳植物搭配方案，剩下的就交给自然。当小鸟开始吃虫，爬行动物和两栖动物"定居"，会引来更大的鸟类和哺乳类动物。经过不断发展，直到你拥有一个完整的生态系统后，这个庭院就开始真正有趣起来，尤其是对于孩子来说更是有巨大的吸引力。

天然的吸引力

一个成熟的野趣水景庭院将会吸引食鱼鸟类，比如苍鹭。

汇集了野生生物的池塘十分讨人喜欢，但需提高警惕的是，它对初学走路的孩子来说是一个潜在的危险地带。

鸭舍很有趣，但是请记住狐狸会游泳，可能会把鸭子作为捕猎目标。

设计组成部分

为了最大化庭院吸引动物的影响力，庭院的组成部分必须包括水、大量的地被植物、树木和此景观下衍生出的腐木和树叶。

这个设计适合你的庭院吗？

从本质上来说，这种庭院会有很多树木遮阴，脚下的地面也会有很多碎叶。它不仅会吸引可爱的动物，还会招来大量昆虫，并且一眼望去庭院显得杂乱无章，最重要的是，如果你家里有幼儿或是宠物，则要考虑安全性。

需要考虑的因素

如果你不是特别热衷树木林立，则可以将庭院设计成类似草甸的环境。你仍然可以在那里引来野生生物，不过鸟类会少一些。你可以不种植草坪，改为在地面覆盖一层厚厚的木屑或碾碎的树皮。

更多创意

树屋是观察鸟类和动物的理想观测平台。

为鸟类设计的鸟食台在树木繁茂的院子里是一个不错的附加设施。可能也会吸引蝙蝠到来。

设计Tips

· 理想情况下，庭院的面积越大越好，但在25m见方的庭院上也可实现。但宽阔的场地比狭小的场地更好。

· 你需要一个池塘，越大越好。

· 在池塘周边打造一片湿地。

· 庭院周围种一些树木，越多越好。

· 将鸟巢和鸟食台安置在树冠和树干上。

· 种植矮树和灌木——适合在当地环境生长的品种。

· 在地面上铺一层木屑、碾碎的树皮、落叶等。

· 将原木随意堆放在庭院中。

建造一个野趣水景庭院

带鸟巢的树木

向日葵

树篱

鸟食台

果树

粗制藤架

吸引昆虫的
植物

茂盛的
草丛

虫子栖息的
原木

青蛙和鸟休憩的
大石头

水中植物

池塘和湿地之间的
木屑小路

湿地区

至少拥有一座25cm见方的庭院来打造这座带池塘的林间野趣庭院。

工作顺序

· 画出你的设计图，以便把房子、边界线、固定的建筑、排水渠和大树都考虑在内。

· 把不需要的植物处理掉。

· 开挖并建造池塘。对于一个天然样貌的池塘来说，使用丁基衬垫是最佳选择。

· 使用丁基衬垫边角料来建造一个或多个湿地区。

· 种植主要树种——适宜在当地环境生长的品种。

· 在池塘周围种植种类丰富的植物——湿生植物，比如斑叶芒和西洋薇；边际植物，比如鸢尾、水甜茅（甜味草）、水芋（沼泽海芋）和花叶菖蒲（白菖蒲）；浮叶植物，比如粉绿狐尾藻（鹦鹉的羽毛）和细叶满江红（仙女苔藓）；沉水植物，比如欧洲水毛茛（水毛茛）和金鱼藻属（角苔）；以及深水植物，比如日本萍篷草（日本睡莲）和荇菜（穗边荷花）。

· 在树下种植灌木和地被植物。

维护与保养

池塘需要在晚冬和早春进行清洁。收集池塘里的叶子和碎屑，并让其成堆腐烂。

确保新树苗稳固，并且不会被杂草压倒。

在冬季清洁鸟巢和鸟食台。

确保小路时刻整洁畅通，这样你才可以随时享受庭院的乐趣。

升级

你可以建造一个小屋或观察台，这样就可以悄悄观赏野生生物，而不会打扰它们。也可以把观察台收拾得很舒适，这样你可以长时间地安静观察或者进行冥想。

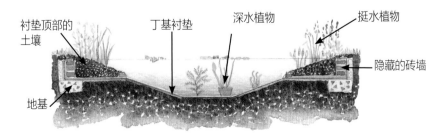

衬垫顶部的
土壤

丁基衬垫

深水植物

挺水植物

隐藏的砖墙

地基

↗ 展示一个"天然"池塘的组成元素和构造的截面图

草甸溪流庭院

**主要特征
是什么？**

大多数天然草甸溪流水流缓慢、曲折蜿蜒，周边长有野草和百花；部分流段附近通常长满亲水树木，比如柳树。沟渠很浅，将周围的地面浸润得柔软、潮湿。如果你喜欢蝌蚪、青蛙、蜻蜓和湿地，并希望打造一个平静、低调的水景庭院，这个庭院将会非常适合你。

天然的不规则性

一条沟渠融入一条溪流形成流动的水，为庭院带来声音和动态美。

草甸溪流以泥泞的浅滩和肆意生长的植物为主要特征。

如果庭院够大，一条草甸溪流还可以搭配一个野趣池塘（见第34页）。

设计组成部分

这个设计有五个基本组成部分：一片野外草甸、一条蜿蜒的溪流、一些柳树，当然还有典型的草甸植被。

这个设计适合你的庭院吗？

一个小型的庭院即可，理想情况下，需要一个微湿并颇为平坦的院子。符合此设计的植物需要生长在常年潮湿的环境，你的庭院能达到这些要求吗？

需要考虑的因素

如果庭院地势陡峭，你可以选择山涧设计方案（见第26页），或者修改此设计让水流自上而下流下，逐渐在平坦区域转化为缓慢流淌的草甸间的溪水。

更多创意

天然物品即是庭院里最精美的雕塑。你可以收集一些岩石、鹅卵石、浮木等装饰院子。

垫脚石放在水流平稳又浅的地方效果很好。在当地搜寻一些天然的石头，给它们在院子中找一处合适的位置。

设计Tips

· 理想情况下，庭院的地势要平坦。

· 溪流需要在整个场地中盘旋弯转。

· 在溪流边缘种挺水植物，比如鸢尾和灯心草。

· 溪流旁边的一些区域可建成沼泽园。

· 需要许多柳属树木。

建造一个草甸溪流庭院

去梢的柳属植物
曲折的溪流
垂柳
桥
鸢尾
原木桥
湿生植物

你需要一片平坦低洼的区域，大约15m见方，在其中建造一条缓慢流动的蜿蜒溪流。

工作顺序

· 标出路线并开挖一条蜿蜒不断、上宽下窄呈V形的水渠，开挖宽度大约是设想中的溪流宽度的两倍。试着让起始点和终点彼此汇合。

· 在溪流的较低端开挖一个集水坑。

· 在水渠的较高端建造一个池塘，这样水会慢慢流淌到水渠里形成小溪。

· 用一层土工布覆盖开挖的沟渠，再铺一层丁基衬垫，然后再铺上土工布后完成。你可以使用剩下的丁基衬垫来改造出一片沼泽园。

· 用一层10cm厚的混凝土铺设池塘底。

· 在集水坑和溪流上游的池塘间铺一条抽水管道，在集水坑中安置水泵。

· 雕凿河岸，使它们具有漂亮的曲线。

· 在溪流缓弯处边缘种植植物，比如日本鸢尾、灯心草、草丛、驴蹄草（沼泽金盏花）、沼泽勿忘我和西洋薇。种植柳属植物、绣球花以及其他在潮湿条件下能茁壮生长的树木和灌木，作为整个景观的背景。

维护与保养

由于这种庭院的主要特征在于在整条溪流要蜿蜒流淌过整个庭院，因此让水泵保持良好的工作状态是最重要的。

清理集水坑中的叶子、碎屑、垃圾和淤泥，并确保水管两端都很干净。

定期拆下水泵清洁。

如果集水坑水位下降时，要及时补满。

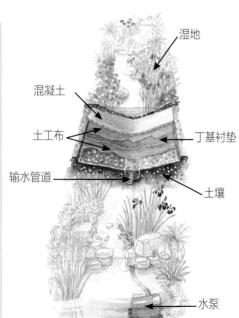

湿地
混凝土
土工布
输水管道
丁基衬垫
土壤
水泵

▲ 溪流截面图

升级

你可以通过扩大沼泽面积（甚至是一个可以补充小溪水量的池塘）来扩展这一主题。这可能需要在集水坑安置不止一个水泵。可以通过连接雨水收集管的地下管道来为溪流注水。

你可以用小桥、野生草甸植物、小片葱郁的草地等为整个庭院继续丰富这一主题，来创造在水边草甸中一小片景观区域的目的。

覆顶式露台水景庭院

它安全吗?

如果你想要的就是一座地势平坦并且有顶的庭院,再加一处水景来让它多一点活力,此类设计无疑是最佳选择。如果你担心水域会对家中儿童安全造成威胁,则可选择一个壁挂式喷水景观,让水缓缓流入下方的水池或水槽。孩子们可以享受玩水的乐趣,而你也可以坐在露台上,欣赏流水的景象聆听清脆水声。如果你的水景庭院必须顾及儿童的安全,那么一个露台式水景庭院是一个不错的选择。

几种覆顶露台设计案例

一个独立的砖制壁挂水景既安全又引人注目。

一个小型庭院很容易变成一个迷人的覆顶式露台水景庭院。

这个曾经的花坛被改成一处雅致的水景。

设计组成部分

这个设计主要着眼于4个组成部分:露台、水景、防护外墙或围栏,以及上空的顶盖。设计理念是让你能够尽情享受户外空间,而不用考虑天气状况,也不用担心孩子有落水的危险。

这个设计适合你的庭院吗?

这个设计在一个非常小的院子里就可以实现,你只需要问自己两个问题:你打算用什么材料来做顶盖?这个顶盖是否会对左邻右舍产生不良视觉影响?

需要考虑的因素

有很多种顶盖种类可供选择。你可以在藤架上铺一层硬质塑料顶;铺一层天幕般的条纹帆布篷,或者像百叶窗或船帆一样可以卷起来的帆布遮阳篷,还可以是一个永久的玻璃屋顶。

更多创意

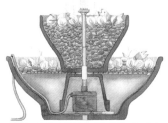

用3个陶罐制作微型盆式喷泉

可以在露台一角砌一个地上的扇形池塘

设计Tips

· 有一座房间大小的院子即可。

· 露台可用砖块、混凝土板、石料或任何你喜欢的材料铺砌。

· 为了防雨,露台必须有顶盖。

· 需要有一个符合您设计方案的小型水景。

· 如果是开放式庭院,记得在庭院四周安置花箱或者栅栏,确保孩子不会从院子中走出去。

建造一个覆顶式露台水景庭院

- 藤架上透明屋顶
- 常春藤
- 石瓮水景
- 附有藤蔓植物的格架墙
- 吊篮
- 薰衣草盆栽
- 通往庭院的台阶
- 花盆里的不耐寒植物
- 倒挂金钟

你需要大约6m见方的院子来建造这个可让儿童嬉水的覆顶式露台水景庭院。

工作顺序

· 画出你的设计图，以便把房子、边界线、固定的建筑、排水渠和大树都考虑在内。

· 把不需要的植物处理掉。

· 建造露台，以及周围的墙壁、围栏或种植箱。

· 用帆布篷、硬质塑料板、玻璃或任何你喜欢的防水材料制作顶盖。

· 建造并安置一个有水泵和过滤器的水景。

· 在庭院周边或花坛种植箱里种植芳香植物，例如一些薰衣草、倒挂金钟、醉鱼草属等植物。在花盆中种植一些畏寒植物。

- 壁挂装饰
- 喷水口
- 进水管
- 蓄水池
- 水泵

↗ 壁式水景截面图（类似景观可参考第41页）

维护与保养

对此类型庭院来说，露台也兼具花园房的功能，你必须保持它的干净整洁，就像室内的其他房间一样。落叶和碎屑必须清理干净，玩具收好，家具摆放的位置要随时归位。

确保所有的水上玩具——杯子、碟子、软管、漏斗、小船等等都是由不易破损的塑料制成的。不要让孩子们玩任何危险的东西，比如陶器或玻璃；任何可能堵塞水泵的东西，比如沙子也要避免。

帆布、塑料或玻璃顶盖必须定期清洁。

确保水泵和过滤器始终处于良好的工作状态。

冬季把畏寒植物和易碎家具搬进室内。

升级

如果你喜欢在室外聚餐，你可以让顶盖两侧延伸遮住部分露台，并通过照明和供暖设施来调节环境。你也可以在附近一个安全的区域烧烤。如果有很多孩子们的玩具，你可以利用木桶或搭建一个简易的储藏室来存放它们。如果顶盖是由硬质塑料板制造的，你可以在顶盖的上下两侧铺上木板条支架，让藤蔓植物爬满架子，这样不仅更美观，而且还一定程度加强了的庇荫效果。

水景庭院

我家的庭院能容纳一处水景吗?

不管你的庭院面积或大或小,都可以容纳下一处水景。可能是一个小型壁式水景,只有一股细细的水流从陶质面具中流出再落入一个石头或金属槽内——但是你仍然能够体验到流水的所有景象和声音。当然,如果你在水槽边、花箱或花盆里种植一些亲水植物,那么你的庭院将更有水景的感觉。

小即为美

打造一个小型壁式水景非常简单,如果墙上有现成的装饰,并且有现成的容器就更简单了。

将一簇水生植物种在容器中,打造一个微型池塘,对一个非常小的庭院来说是一个不错的选择。

砖制的抬升式池塘,非常适合一个中等大小的庭院。

在你的庭院里四处走走,观察一下现有的摆设。有没有坚固美观的边界围墙可以用来作为主要景观的背景墙?有没有一个外接的水龙头?有没有外接电源?地面是由砖块、石板、石头、混凝土、花坛或草坪组成的吗?

这个设计适合你的庭院吗?

你愿意开挖孔洞吗?挖出来的土怎么处理?你有专门通向庭院的入口吗?你可以在一个现有的天井露台基础上直接改造庭院吗,或者你需要修建地基吗?考虑一下这个设计方案对孩子、邻居和宠物会有怎样的影响。

需要考虑的变化

有没有足够的空间来建造一个下沉式水池?或者你更希望建造一个抬升式水池?一旦你在抬升式水池和下沉式水池之间作出决定,那么你考虑该类水池设计方案和材料选项。例如,砖、石或木,你更喜欢哪一种?

设计Tips

· 尽可能地将现有结构纳入设计中去。

· 使用砖、石、木等传统材料要比使用玻璃、不锈钢和塑料等现代材料更容易。

· 确保水景庭院的设计风格与你的房子的风格相辅相成。

· 从其他兴趣爱好中汲取灵感,比如收集有关航海的物品,包括黄铜舷窗、链条和绳索。

· 从你的其他园艺爱好中汲取灵感,可以摆放盆栽植物、铺设甲板、用陶瓦装饰、种植藤蔓植物等等。

更多创意

用浮木、贝壳、海草和沙砾打造"海洋风"水景。

一股汩汩作响的喷泉从巨大的石质或陶瓷球中喷出。

一个小磨石和一个低位喷泉,水在石头上流动着。

陶瓷、铅质、青铜和石砌效果的壁式面具在许多设计里都可以看到。

一个旧的水泵手柄和几个半桶构成一个瀑布式层叠水景。

建造一个庭院水景庭院

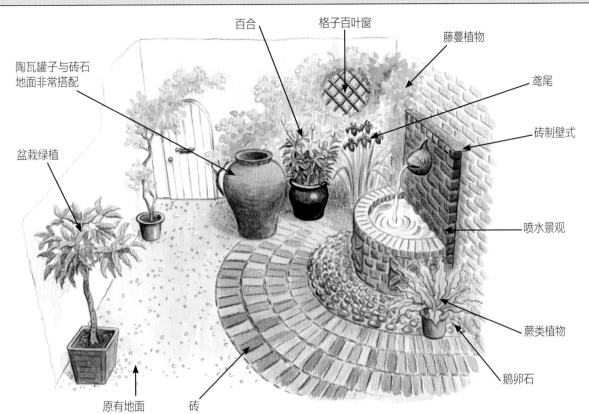

- 百合
- 格子百叶窗
- 藤蔓植物
- 鸢尾
- 砖制壁式
- 陶瓦罐子与砖石地面非常搭配
- 盆栽绿植
- 喷水景观
- 蕨类植物
- 鹅卵石
- 原有地面
- 砖

一个壁式水景将成为一个绝妙的庭院中心点。只要你的个现成的庭院，选一个喜欢的壁挂装饰面具，使用家中现成的水槽（见第39页）就可以完成。

工作顺序

- 修整现有庭院的墙壁或建造新的墙壁。
- 检查天井露台是否完好，并建造水槽。
- 安置管道并建造后墙。
- 将水槽内部表面抹水泥。
- 安装面具、水泵和电路。
- 用盆栽植物（百合、草丛、蕨类植物和鸢尾）来点缀庭院，让藤蔓植物爬满墙壁。如果还有空间，可引入一种盆栽灌木，比如曼陀罗属。

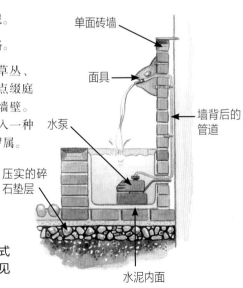

- 单面砖墙
- 面具
- 墙背后的管道
- 水泵
- 压实的碎石垫层
- 水泥内面

↗ 一个砖制带面具的壁式水景截面图（更多设计见第39页）

维护与保养

春季清洁 检查水泵是否可以正常运转放入水池。将不耐寒植物放搬回庭院中。

夏季杂务 每周清洁过滤器。撇除藻类和碎屑。保持水池处于满水状态，并让喷泉运转来给水充氧。

秋季养护 清理落叶，并将植株上的黄叶摘除。将畏寒植物移入室内。

冬季工作 拆下并清洁水泵。清理残留的枯叶。在冬季你可能需要排空池水，这取决于你住的地方有多冷。

升级

庭院的乐趣，尤其是水景庭院的乐趣之一，就是欣赏它们按照自己的方式来装扮空间，植物在生长，鱼群在繁衍，随季节流动而变幻的色彩。凡此种种，你都可以通过改变庭院结构和调整植物种类、数量而满足不同的需求。

灯光喷泉庭院

打造一个灯光喷泉容易吗？

喷泉喷涌的景象和声音都值得让人驻足欣赏，但是当喷泉与黑夜和灯光结合起来时，一切都变得更有魔力了。低耗能、易安装，引入压力系统，拥有一个浪漫的灯光喷泉庭院切实可行。

让那亮起来

现代地中海式庭院中荧荧闪耀的树下照明。

吊顶灯撒下的暖光点亮了庭院的景象。

拱门处的灯光，让专门打造的水景在夜晚更加闪耀。

设计组成部分

这种风格的庭院由五个部分组成：庭院背景、一个环形抬升式水池、一个大型喷泉、人工照明，以及种植在花箱和花盆内的植物，且全都围绕在庭院边界处。

这个设计适合你的庭院吗？

如果你拥有一个现成的封闭式小庭院，这就是一个专门为你打造的设计；但是如果你不得不专门建造一个四周有围墙的空间，这可能就是一个非常昂贵的选择。

需要考虑的因素

如果你拥有一个大型开放式庭院，你可以像打造一个隔间一样规划一个小型的庭院，或者可以在一个开放式露台上建造喷泉，你可以将喷泉作为一个大型古典式庭院的点缀。

更多创意

点亮烛台不仅是一种低耗的照明方法，更是一种可以增添情趣的小技巧。

简约的球形灯具能带来一种经典效果，就像中国的灯笼一样。

设计Tips

· 你需要一个抬升式水池，最好是圆环形的。

· 你需要一个高品质的喷泉，例如小型水钵喷泉、雕塑喷泉、假山喷泉等等。

· 你需要一个小型的封闭庭院。

· 你需要照明设施——从房间内连线的普通外部灯具，以及专为水下使用而设计的低压庭院灯具。

· 你需要选择自己喜欢的铺砌材料，比如红砖、石板或再造石。

· 你需要尽可能多的不太需要照料的植物，比如蕨类植物、草丛、修剪过的月桂树和盆栽植物。注意搭配绿叶和光线，打造光与影的交汇处。

建造一个灯光喷泉庭院

照明灯藏在植物下面

具有舞台效果的灯光设计

修剪出造型的月桂树

地灯

水中照明灯

芬芳草本植物

你需要一个大约9m见方的小型封闭庭院来建造这个庭院。

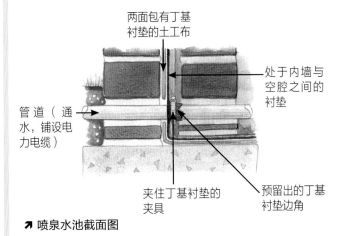

两面包有丁基衬垫的土工布

处于内墙与空腔之间的衬垫

管道（通水，铺设电力电缆）

夹住丁基衬垫的夹具

预留出的丁基衬垫边角

↗ 喷泉水池截面图

工作顺序

· 画出你的设计图，以便把房子、边界线、固定的建筑、排水渠和树木都考虑在内。

· 把不需要的植物处理掉。

· 使用丁基衬垫来铺垫圆形水池，并铺设导管，让电力电缆可穿过水池。

· 在水池中间修建底座安装喷泉。

· 在水池内安装水下照明系统。

· 铺设庭院路面。

· 完成庭院四周的种植工作，栽种棕榈、麻兰、锦熟黄杨和月桂等，另外种一些芳香植物，比如薰衣草等其他草本植物也是不错的选择。

维护与保养

你可能会认为一个小型庭院是很容易打理的，但是由于整个庭院以喷泉、抬升式水池和照明为中心，所以它们应时刻保持干净、整洁，并处于良好的工作状态中，这是非常重要的。

清理叶子和碎屑，并定期清洁水池和水泵。

应该特别关注水池内部照明设备的状态。

确保所有插头、电缆和连接装置状况良好。

升级

你可以收集一些物品来强化庭院的主题，比如雕塑、盆罐、墙挂式器皿和旧瓷砖。你可以用一个二级水景与喷泉呼应，比如一个金属的壁式喷水面具（见第39页和第41页）。你也可以用旧石器装点庭院，比如石凳、石瓮和半身雕像。

海滨庭院

我该从何处着手?

回想你最喜欢的那片海岸，找出是什么让它如此特别而让你念念不忘。它可能是一长片沙滩，还有一排色彩鲜艳的小木屋，被彩绘的图案和贝壳、浮木、船锚等装饰起来。或者是一个热闹的小港口，放着成堆的渔网和龙虾捕笼。尝试把这些让你印象深刻的元素在你的庭院中展现出来吧。

提供新体验的海滨生活

将你收集的所有物品放在一起增强主题效果，创造出你最满意的画面。

参观其他的海滨花园，从中获得灵感。

打造海滨庭院你会需要很多鹅卵石——注意提前准备得越多越好。

设计组成部分

这个设计的灵感来自一个20世纪50年代的海滨木屋。组成部分为：一个色彩鲜艳的小木屋（里面可能有双层床），一个门廊，或由门口向外延伸出去的木质踏阶，一片沙石滩，少许矮草丛，一条粗砾碎石小路，当然还有水。

这个设计适合你的庭院吗?

这个设计需要在一个阳光充足且有一定坡度的大型庭院，这样你可以在上坡处建一个小木屋，向下铺设岸滩延伸至水中。你的庭院足够大吗？

需要考虑的因素

如果你想要成果更好，可以建一个带岸滩的大型戏水池，这样整座庭院就变成了一个海滨的缩影。你可以为孩子设计海淀乐园场景的风格，让他们可以在水边嬉戏，在日常就享受着海滨的乐趣。

更多创意

一个岩石潭是不错的选择，特别对于孩子来说不会造成危险，而且它可以在一个周末内就建造好。

一个"海滨风"水景，用浮木、贝壳、海草和粗砾装扮。

木板可以铺出各种各样的纹路，并漆成你喜欢的颜色。

设计Tips

· 你需要一个尽可能大的池塘。

· 你需要一个看起来像20世纪50年代的小木屋，周围挂着诸如捕鱼网和捕虾网、浮漂球等东西。

· 小木屋最好建在一个轻微上升的坡地上，或由短支柱支起来。

· 从小木屋到水域之间的区域必须看上去像一个岸滩，铺有厚厚的沙子和粗砾。

· 使用漂白过的木栅栏或帆布屏作为小木屋的背景。

· 种植一些树木，比如松树或棕榈，以及矮草丛，还有一些浅滩植物。

· 小木屋前的木板区域是一个绝佳的休息区。

建造一个海滨庭院

小木屋

松树

挡风板围栏

海滨意象——绳索和救生圈

栈桥板

系船柱

浮球

枕木台阶

矮草丛

银砾小路

鹅卵石周边

粗砾中的岸滩植物

你将需要一个大约30m长、15m宽的场地，最好有坡度。

工作顺序

· 画出你的设计图，以便把房子、边界线、固定的建筑、排水渠和大树都考虑在内。

· 把不需要的植物处理掉。

· 竖起高高的木质挡风板。

· 在场地下坡处建造一个大型的浅池塘。使用丁基衬垫，衬垫边缘藏在粗砾和沙子下面。

· 用细瓦、小卵石和水洗沙子铺设整个区域。

· 安装一个水泵和过滤器来保持水质清澈（参照第13页）。

· 在上坡处建造小木屋，这样可以俯瞰池塘；如果地面是平的，将小木屋建在短支腿上，以便抬高它的高度。

· 在小木屋周围种植小片矮草丛。

· 种植岸滩植物，比如桂叶岩蔷薇（岩玫瑰）、海甘蓝和银香菊（薰衣草棉）等任何看上去好像生长在一个风和日丽的海滩的植物。种植畏寒植物，比如盆栽龙舌兰。

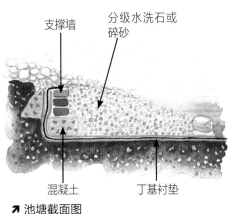

支撑墙

分级水洗石或碎砂

混凝土

丁基衬垫

➚ 池塘截面图

维护与保养

整个设计的精髓在于水质是否清澈，所以你必须确保水泵和过滤器始终处于良好的工作状态。

由于池塘里没有鱼和植物，你可以撒一两把盐到水里。

清理叶子和碎屑，并确保泥泞的双脚不要走进池塘那边去。

在冬季将畏寒植物移入室内。

持续往小木屋周围的区域补充沙子和粗砾。

给小屋和围栏涂一层非常薄的亚光乳胶白漆，让它看起来像是经历了风吹日晒后被风化了的老木板。

升级

你可以在屋顶上摆放木瓦和零零碎碎的浮木。还可以放置一些具有海滨生活风格的物品，比如在外面放上旧绳索、原木和一段链条，在屋内放上浮漂、锚和渔网。如果你住在大海附近，你可以寻找一个破损的划艇，并采集一桶海草。煤油灯、贝壳画都是不错的装饰品。你也可以在小木屋里面放一张双层床，偶尔让孩子们睡在里面。

乡村风水景庭院

此庭院里都有什么?

乡村庭院是一个浪漫的大杂烩,包括菜地、养鸡场、果树和肥料堆,还有曲折的小径、茂密的草丛、盛开的野花,你还会拥有一个水槽、一口井、一个天然水池或喜欢的任何东西。

水果、蔬菜和水域

水池集装饰性和功能性于一体,它有助于营造一个非常实用的庭院。

一个石槽可以变成一个小小的水生植物池塘。

将各类旧容器随意堆放在石砖地上,就是创造一处水景的快速方法。

你可以用一些木桶和水泵打造一处流水景观。

设计组成部分

虽然这个设计需要同时包含水池和果蔬园,但是可以将重点放到这两个元素中的任何一个。需要在两者之间明确一种你认为恰当的平衡点。

这个设计适合你的庭院吗?

这种风格的庭院可以适应任何场地,但是要考虑阳光等影响蔬果生长的外部因素。所以,你的庭院光照充足吗?

需要考虑的因素

你可以将庭院设计为有一大片池塘配有几株果蔬;或是满园的菜蔬之间搭建小型流水景观;或将流水景观改为壁式喷泉(见第39页和第41页)你可以根据庭院的大小、特征和个人喜好来进行布局。

更多创意

厚实的耐腐木板可以为草本植物制作一个规则式种植区。

设计Tips

- 需要画一个精准的设计图,来划分自己想要的果园区域以及面积。
- 蔬菜需要一个有阳光充足且能避免猛烈阵风侵袭的地方。
- 拥有一座现成的、有围墙的庭院是一个不错的开端。
- 可以考虑盆栽式果蔬,它们容易照料,并且具有比大型开放式花坛好得多的生长环境。
- 可以通过改善土壤肥沃程度来节省培育果蔬的时间和精力。引入菌类堆肥和腐熟肥料是个好方法,你可以一开始就使用优良的天然混合肥。
- 规划一条道路,以便可以让手推车能路过所有的种植区。

建造一个乡村风水景庭院

- 果树
- 集水桶, 为了安置水龙头和小水桶而垫高
- 扩展水景的旧水槽
- 砖制花坛
- 水池（没有植物）
- 菜畦

如果你的首要兴趣是种植蔬菜，而你又想要庭院既有装饰性又有功能性，这个设计对你来说将是一个上佳选择。

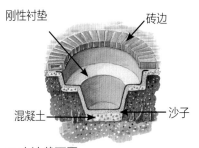

- 刚性衬垫
- 砖边
- 混凝土
- 沙子

↗ **水池截面图**

工作顺序

- 画出你的设计图，以便把房子、边界线、固定的建筑、排水渠和树木都考虑在内。
- 把不需要的植物处理掉。
- 标出道路和菜地的几何图案。
- 在整个场地周围建造围墙和围栏。
- 为菜畦建造凸起的边界。
- 铺设道路并压实，再盖上碎石或碾碎的树皮。

- 在菜畦里堆满菌类堆肥和腐熟肥料的混合肥。
- 安置木桶，以便收集雨水，然后建造一个下沉式水池来接收桶中溢出的水。
- 可布置堆肥容器（图中没有展示）。
- 可建造或架设棚屋和/或温室（图中没有展示）。
- 在靠近墙壁的地方种植果树，可以将它们修剪成各种形状。
- 在适宜的季节种植各种农作物。

维护与保养

在一个果菜园里，要根据季节来进行维护与保养。整个过程是一个持续的过程，包括种植、除草、收割、翻耕、再次种植等。

道路和菜地边缘需要保持整洁。

水桶、水槽和下沉式水池需要定期清洁。最好装一个小水泵让水活动起来，防止蚊子在静止的水中繁殖。

选择性对部分田地休种。

清理叶子和碎屑，并将它们移到肥料堆。

确保道路保持干净，这样你才可以舒心地利用并享受庭院。

升级

可以在场地周围布置盛水容器，这样可以很方便地取水。

选择水景庭院植物

我应该买什么？
我们身边有很多喜水植物，它们有的可以点缀和遮掩池塘的边缘；有的在湿地和浅滩处舒枝展叶；有的轻轻浮于水面；还有的完全泡在水底。在本章中，如果一种植物碰巧属于多个类别，将会被交叉引用、相互参照。

为水景庭院挑选植物

目的 为庭院选择植物，不仅要考虑其固有的特性，也要考虑其所能带来的效果。例如，对整个环境赋予的高度、宽度和色彩，散发的香气，制氧量，以及是否能为池塘生物提供食物和保护等等。

水景 花坛设计可以被视为用植物点缀庭院的一种方式，要根据植物的颜色、大小、特点和习性来选择花坛的种类。这个方式同样适用于选择点缀水景的植物。

规模 熟知植物的习性，了解一下长大成龄的植物是否还适合现在的庭院。它是不是太大了？选择更小的品种会不会好一些？

风格 在很大程度上，风格与既有观念有关。例如，荷花会使人联想起夏日的池塘，而芦苇则意味着有天然湖泊存在。

位置 植物苗壮成长于适合它们天性的条件下，因此在种植任何植物之前首先都要先了解其生长习性。这一点对于水生植物尤为重要。

设计 植物是多维的，因此在设计上要十分谨慎——不仅要考虑空间上的高度、宽度和深度，也要考虑植物本身的颜色、形状和气味。

不规则式设计是自然风格水景庭院成功的关键。

水景庭院植物类别

在本书中提到的植物按以下五个类别分类。

浮叶植物
　　叶片浮于水面的一类浮水植物可以为产卵的鱼和水生昆虫提供遮蔽。

沉水植物
　　植株全部位于水下，可产生氧气的植物，有益于保持水的清洁并消耗多余的营养。

湿生和喜湿植物
　　在潮湿或浸水土壤中大量生长的植物，为青蛙和昆虫提供遮蔽。

背景植物
　　几乎包括任何植物——树木、矮树丛、灌木或花卉等在你看来能够点缀水景庭院的植物。

挺水植物
　　在水边或浅水区丛生的植物，为鱼和昆虫提供遮掩。

买什么

首先评估一下你的水景庭院规模和特点，然后带上纸笔，尽可能多的去参观更多的水景庭院记录设计要点。

买多少

植物不仅能长大，而且可以通过播种或扦插繁殖，或者还可以从朋友那里获得。你可以购买一部分选定的品种，然后在恰当的时候获得其他的品种，或者一次性购买很多，然后再通过间苗来清理生长情况差、多余的植物。

在哪儿买

最好在花卉商店和苗圃等专门经营各式各样的水生植物的地方购买。

搭配组合植物

从五大类别中为庭院内的不同区域选择植物。一个大型池塘可能需要包含全部种类植物的特定植物，以达到生态平衡；而一处小水景很可能只需要用普通植物来点缀。

通用术语及其含义

一年生植物　在一年内播种、生长和开花的植物。

二年生植物　在第一年播种，第二年开花的植物。

盆栽植物　任何在容器里可健康生长的植物。

落叶植物　多为阔叶乔木和灌木，在生长季节结束时所有叶子脱落。

常绿植物　长叶的乔木和灌木，不断脱落并长出新的叶子。

耐寒植物　能够耐受寒冷和严寒条件的植物。

多年生草本植物　地面上的部分在秋季死亡，次年春季发出新芽的植物，通常可活三年以上。

岩生植物　在岩石、碎石和沙漠环境中茁壮生长的植物，种类繁多。范围从耐寒的松树灌木一直到仙人掌和多肉植物。

灌木　一种木质的多年生植物，比树木小，茎从地面开始长起。

乔木（树木）　一种树身高大的大型树木，其茂密的树冠一般与地面之间有较长距离。

种植方案

不同类型的水景庭院，由于其大小、特点、水深或水质不同，需要个性化的种植方案。举例来说一个大型的自然风格池塘周边种植一些常见的水生植物即可达到突出主题风格的目的；而一个小的海滨水景庭院则需要特定的设计点缀，用植物来更充分地表达主题。以下是针对不同类型的水景庭院提出的植物种植建议：

小型规则状池塘，并带有小喷泉，水深大约45cm
浮叶植物：水剑叶
水生植物：狸藻，金鱼藻属

有鱼的天然池塘
一个天然池塘需要种类齐全的植物。
背景植物：柳属类
湿生植物：斑叶芒和欧紫萁
挺水植物：玉蝉花，水甜茅
浮叶植物：狐尾藻，细叶满江红
水生植物：菹草，水藓

水流曲折、缓慢的草甸溪流
在水流缓慢的溪流旁可以种植多种植物。
背景植物：波士顿白柳，槭树（枫树），美国梾木
湿生植物：欧紫萁，鸢尾属，玉簪属
挺水植物：玉蝉花，水甜茅，长叶毛茛
浮叶植物：狐尾藻
水生植物：菹草，丽藻属

水流湍急的山涧
水中没有植物，其他植物都必须远离水边。
背景植物：垂柳，桦木属，西伯利亚红瑞木
湿生植物：落新妇

日式水景庭院
背景植物：垂柳，鸡爪槭，凤尾竹，加拿大铁杉
湿生植物：欧紫萁，蹄盖蕨，旱伞草（注意这种植物不耐寒，生长适宜温度为15℃～25℃），羊胡子草属
挺水植物：水芋，燕子花
浮叶植物：细叶满江红，日本萍蓬草，耳状槐叶萍
水生植物：欧洲水毛茛

湿生和喜湿植物

沼泽园究竟是什么?

沼泽园在园艺家看来等同于在天然池塘、湖泊和溪流周边的潮湿低洼地区。在自然条件下,根据国家和地区的差异,这样的区域长满了诸如鸢尾、大叶蚁塔和荷花等植物。沼泽园土壤需要水分滋养,而且地下水必须能够自由流动而不是停滞不前。如果你喜欢亲水野生生物和庇荫环境以及丰富的物种和自然的环境,你定会喜欢沼泽园。

指南

沼泽环境是复杂多样的:盛夏时节会有局部干涸的高位沼泽区域、始终有些潮湿的中位沼泽区域以及水分比较多的低位沼泽区域。某些植物适应性很强,能在易受洪涝和干旱等极端条件下茁壮生长,甚至一些沼泽植物被当做挺水植物来销售。

小贴士

如果你拿不准某种植物在某种环境是否可以成活,先种单株植物做个试验,看看它生长情况如何,然后再选择是否种植更多的数量。当使用塑料薄板衬垫来建造一个沼泽园时,确保衬垫上面有穿孔,以便让沼泽里的水流动起来,而不是静止停滞。

虽然沼泽地面对人类来说行走非常困难,但是对野生生物来说是理想的栖息地。

细叶铁线蕨
孔雀草蕨类植物

蕨类植物,长有娇嫩的扇形叶子。并不是所有蕨类植物都可以在冬天的室外存活,购买和种植前一定要对居住地气候和植物习性充分了解。

生存条件: 适合生长于温暖潮湿且有斑驳树荫下的微湿土壤中,或适于在掩蔽的沼泽区域外缘生长。

设计说明: 细叶铁线蕨适合作为过渡植物,从陆地一直延伸到水域的天然林区。鲜艳的粉色新叶和娇嫩的特质使其也成为打造日式庭院的一个极佳选择。

↕25cm ↔ 30cm

"紫水晶"阿兰茨落新妇

多年生草本植物,具有铜红绿叶子和粉紫色的花朵,形成了一个松软的尖顶。

土壤和条件: 阳光充足或斑驳树荫下的潮湿地区。

设计说明: 适合大面积种植,丰富而引人注目的颜色,让它非常适合作为从陆地到水域之间的过渡植物。

↕90cm ↔ 60cm

"红宝石婚"大星芹
星芹属

多年生草本植物,具有分散的绿叶和许多雏菊一般的深红色花朵。

土壤和条件: 阳光充足或斑驳树荫下没被水浸的微湿土壤。

设计说明: 对于一个树木繁茂的天然池塘,可以完美填补池塘附近植物空缺的地方。

↕60cm ↔ 45cm

克美莲
卡马百合

克美莲属多年生草木，夏季开花，具有长长的翠绿色叶子和独特的紫色花朵。

土壤和条件： 阳光充足或树荫下的微湿土壤。

设计说明： 当你的庭院想要更多样的色彩时，它是极佳选择，花朵大片大片盛开时看起来特别美。

↕90cm ↔ 30cm

"羽饰"美人蕉

畏寒的多年生蔓生草本植物，具有紫绿色叶子和鲜艳的粉白色花朵。

土壤和条件： 喜欢微湿乃至被水浸透的土壤。在寒冷和霜冻气候下，根茎需要在室内过冬。

设计说明： 对于规则式庭院来说是一个不错选择，比如栽种在一个规则式池塘周围微湿的花坛里，或在一个靠池塘满溢水维系的沼泽园里。

↕1.2m ↔ 无限宽

金穗苔草
鲍尔斯金莎草、莎草

耐寒的多年生常绿植物，具有成簇的草绿色叶子，会长出小的棕绿色花朵。

土壤和条件： 阳光充足或树荫下的透湿土壤或浅水湾。

设计说明： 适合栽种到沼泽区。对于一个绿色主题、日式庭院、一条草甸溪流和一个天然池塘来说都是不错的选择。有时作为挺水植物出售。

↕90cm ↔ 90cm

"爱马仕夫人"单穗升麻
美洲升麻

多年生植物，细长坚硬的杆状茎上长有小片富光泽的叶子和玲珑精致的白花。

土壤和条件： 微湿的有树荫的场所。

设计说明： 对于一个大型的天然林地池塘或一个日式水景庭院来说是一个不错的选择。

↕1.2m ↔ 50cm

"海角黎明"文殊兰

蔓生植物，具有尖尖的绿叶和粉白色花朵。

土壤和条件： 喜欢生长在斑驳的阳光下或完全遮阴的微湿土壤。

设计说明： 对于一个日式水景庭院来说是一个完美的选择，它与马蹄莲、蕨类植物混搭在一起看起来会极具震撼力。

↕60cm ↔ 无限宽

东方羊胡子草
棉花草

成簇的常绿草，种子成熟后会长有如棉絮般的白色细丝。

土壤和条件： 喜酸性浸水土壤或深度达到5cm的水域。

设计说明： 无论是湿润沼泽还是浅水区都适合种植。独特的外形使其也适合种植在一个日式或中式庭院内。

↕60cm ↔ 无限宽

"花叶"蕺菜

多年生蔓生草本植物,具有红色的茎和颜色鲜艳又芳香馥郁的叶子。

土壤和条件: 喜在潮湿土壤或5cm左右的水中生长,不喜强光。

设计说明: 非常适合作为大面积覆盖植物,但它的繁殖生长能力极具"侵略性",需要经常修剪,避免抢占其他植物生存资源。

↕60cm ↔ 无限宽

"螺旋"灯心草

旋叶灯心草

卷曲的深绿色多年生植物,生有很多半匍匐式深绿色盘旋卷曲的茎。夏天开出棕绿色的花簇。

土壤和条件: 喜潮湿的沼泽地或浅水区。

设计说明: 这种植物非常适合生长在水域附近的沼泽地和/或受溢水影响的区域。

↕90cm ↔ 60cm

黄苞沼芋

黄色臭菘草、西部臭菘草

生长旺盛的多年生落叶草本植物,具有华丽宽大的鲜黄叶片状佛焰花苞。

土壤和条件: 喜生在非常潮湿的土壤或2.5cm左右的浅水中,喜光照,耐寒。

设计说明: 当你试图创造一座引人注目的繁茂林木的庭院时,它非常适合填补林木与池塘间的空隙,也非常适合作为小型庭院的点缀。

↕1.2m ↔ 90cm

金棒花

黄金俱乐部

多年生草本植物,具有蓝绿色叶子和长棍状黄橙色花朵。叶子十分罕见,底部有银灰色的光泽。

土壤和条件: 喜生长在潮湿土壤或30cm左右深的水域,喜阳光。

设计说明: 适合栽种在水域附近或沼泽区,有时作为一种挺水植物出售。

↕45cm ↔ 60cm

东方狼尾草

中国喷泉草

多年生草本植物,具有细长的草绿色叶子和松软精致的紫白色花朵。

土壤和条件: 喜在阳光充足的位置和微湿且排水良好的土壤生长。

设计说明: 如果你想达到草丛簇簇的视觉效果,那么它恰符合你的要求,这对于土壤微湿的地中海式水景庭院是很理想的选择。

↕90cm ↔ 25cm

芦苇

普通芦苇、苔草芦苇

芦苇草长有长长的绿色叶子,也会长出小的紫色花朵。

土壤和条件: 喜深湿土壤或深50cm的水中,喜阳光。

设计说明: 这种植物非常适合种在水域边或是沼泽区内,对于一个大型天然池塘庭院,和/或当你想要实现一个冷绿色主题庭院时,非常适合。

↕45cm ↔ 60cm

毛茛
大焰毛茛

精致而高大的多年生草本植物，生黄色5瓣小花。

土壤和条件： 喜欢阳光充足或树荫下的潮湿土壤。土壤需要微湿，但不能湿到有积水的程度。

设计说明： 在树木繁茂的情况下，将其种在一个天然池塘的边缘看起来效果最佳。

↕1.8m ↔ 1.5m

"华丽"羽叶鬼灯檠

耐寒的多年生草本植物，具有铜绿色叶子和高耸的深粉红色羽状花朵。

土壤和条件： 阳光或树荫下的潮湿沃土。

设计说明： 可以用来填补林木与水域之间的区域。适合种在中式和日式庭院中。如果想让庭院的角落也能艳丽吸引目光，也可栽种它。

↕90cm ↔ 90cm

"大花"裂柱莲
红裂柱莲

多年生草本植物，具有草绿色叶子和鲜艳的深红色花朵。它看起来像小剑兰。

土壤和条件： 喜生长在潮湿肥沃的土里，或者在深约10cm的水域中长得最好，必须让它避免风吹，喜阳光。

设计说明： 对于填满水域附近的空白区域来说是一个不错的选择。较长的开花季节（仲秋到冬末）让它装扮一个大型庭院是很好的选择。

↕60cm ↔ 无限宽

"金雨"一枝黄花
秋麒麟草

多年生草本植物，在长茎末端具有羽状绿叶和大的穗状黄色花朵。

土壤和条件： 阳光充足或树荫下，土壤微湿排水良好。

设计说明： 当你想要在短时间内将庭院的景色营造出一种壮观的效果，它是极佳选择。金黄色花朵硕大而奔放。另外，当你试图遮挡刚刚松土的地面时，种它也是很完美的选择。

↕1.5m ↔ 90cm

"橙黄公主"杂种金莲花

多年生草本植物，具有开裂的暗绿色叶子和色泽饱满的橙黄色球形毛茛状花朵。

土壤和条件： 阳光充足或斑驳的树荫下土壤微湿。

设计说明： 是填满水域附近且要呈现自然外观环境区域的不错选择，也可让它们在一条蜿蜒的小溪旁簇拥生长。

↕90cm ↔ 60cm

堇菜
湿地蓝堇菜、木堇菜

多年生蔓生植物，具有深绿色叶子，春季和夏季长有紫罗兰色、蓝色甚至白色花朵。

土壤和条件： 喜阳光和潮湿但排水性良好的土壤。

设计说明： 是连接水域和天然林地区域的不错选择。那些十分精致的花朵开在一个小型抬升式池塘边会很好看。

↕15cm ↔ 无限宽

挺水植物

"挺水"是什么意思?

挺水植物,喜沿着水边生长。它们长在溪流、池塘和河渠等缓慢流动水域的浅滩中。根据不同的品种,挺水植物可在非常潮湿的土壤中生长,水深5cm~75cm不等。它们可以耐受短期的干旱期和溢水期。种植得当的挺水植物会让陆地和水域的界限变得模糊。

指南

对于一些挺水植物来说,水深是很关键的生长因素。如果你拿不准它们适合的水深,先从浅滩开始种植,然后观察每种植物的生长情况,试着让野生生物在这个地区扎根。挺水植物为小生物提供遮蔽,同时也为各种昆虫提供极佳的繁殖环境。

小贴士

有些挺水植物生命力旺盛,到了某种程度时,你不得不采取行动减少它们的数量和密度。如果开挖池塘时铺有一层薄的塑料衬垫,你应该特别小心那些具有尖锐根部的植物,比如香蒲属(香蒲)类会扎破衬垫。

鸢尾适合在任何环境生长——从微湿的土壤到深水域,从阳光充足的地方到遮阴处都可。

"花叶"菖蒲

菖蒲、白菖蒲

多年生草本植物,具有绿色和乳白色相间的鸢尾状叶子;在叶尖末端开出微型小花。摩擦时叶子会散发轻微的香气。

土壤和条件: 喜欢扎根在深23cm的水中,喜光。

设计说明: 如你想拥有一座绿意盎然的大型天然池塘庭院或一个规则式池塘庭院,这是一个不错的庭院植物选择;它在卵石和砖块的衬托下会很好看。

⬆75cm ↔ 60cm

风车草

芦苇纸莎草

多年生常绿植物,具有一簇簇纤细的散射状头冠,末端开花。

土壤和条件: 喜欢扎根在深约25cm的水中,喜阳光但不能生长于多风地带。

设计说明: 适合生长在大型的天然池塘或一个规则式池塘旁边,同样适合种在地中海风庭院里。如果你正在寻找掌状草本植物,可以将它视为首选。

⬆38cm ↔ 90cm

"奥尔曼河"玉蝉花

日本花菖蒲、马蔺

生长旺盛的多年生蔓生草本植物,具有宽大的蓝绿色叶子和鲜艳的紫蓝色花朵。

土壤和条件: 夏季喜欢扎根在深约7.5cm的水中,喜阳光。

设计说明: 非常适合栽种在大型的天然池塘附近。它在一个茂密的树林环境里看起来很完美。如果你的庭院只想栽种单一品种的植物,此类品种是一个不错的选择,它不仅有不同的尺寸,花朵颜色也深浅有别。

⬆60cm ↔ 无限宽

黄菖蒲
黄菖蒲鸢尾

多年生蔓生草本植物，具有直立的剑状叶子和经典的美丽黄色花朵。

土壤和条件： 由于它可以在完全浸透的土壤里生长，所以也作为一种湿生植物出售。当它扎根在深约30cm的水中，且阳光充足时长势最好，喜欢深厚肥沃的土壤。

设计说明： 当你想要一种能穿过沼泽园直接延伸到水域的茂盛植物时，它是一个绝妙的选择。适合种在一个大型天然池塘或一条缓慢蜿蜒的小溪旁。

↕ 1.2m ↔ 无限宽

西伯利亚鸢尾
西伯利亚鸢尾

多年生草本植物，具有狭窄的草状叶子和有异域风情的带暗色脉纹的紫蓝色花朵。

土壤和条件： 适应性强——喜欢扎根在干燥土地里或直接生长在深约5cm的水中，喜阳耐阴。

设计说明： 非常适合种植在大型天然池塘或溪流附近，对一个干涸的沼泽园而言，也是不错的选择。如果想要种鸢尾，这个品种是不容错过的。

↕ 45cm ↔ 90cm

红花山梗菜

多年生草本植物，长长的尖塔状茎上长有绿色叶子和鲜红色花朵。

土壤和条件： 由于在非常潮湿的土壤里长得很好，所以有时被作为一种湿生植物出售。当生长在深约10cm向阳或背阴处的水中时生长得最好，如土培则土壤需肥沃。

设计说明： 如果你想要一大片可穿过沼泽园直接延伸到水域的色彩斑斓的植物，它是十分合适的。整个夏天都持续开花，颜色令人震撼。

↕ 90cm ↔ 30cm

"花叶"芦苇

喜欢湿地的多年生蔓生植物，具有长长的黄绿色叶子和茎，夏季开出有光泽的羽状花。

土壤和条件： 有时作为一种湿生植物出售，当生长在深约1.5m的水中时生长状况最好，喜肥沃土壤。

设计说明： 对于野趣池塘庭院、日式庭院，或当你想要一个绿色主题的庭院时它是十分理想的选择。当它丛生在一起，或从沼泽园延伸到深水区形成一大片时，会呈现出不错的景致。种植它需要很大的空间。

↕ 4m ↔ 无限宽

马蹄莲
海芋百合、水芋、野芋

半耐寒植物，具有绿色有光泽的叶子和美丽的乳白色喇叭状花朵。

土壤和条件： 喜欢长在潮湿的沼泽园中，或作为一种挺水植物扎根在深约15cm的水中。

设计说明： 对于大型天然池塘庭院、规则式池塘，或者你想将庭院打造出一种奔放的印象时，它是一个不错的选择。在一个日式庭院里同样会很好看。

↕ 1m ↔ 45cm

其他挺水植物

· **泽泻：** 多年生草本植物，长柄茎上开出粉白色花朵，在湖泊、溪流、水塘的浅水区生长较好，是野生动物的美食。

· **黄苞沼芋（黄色臭菘草）：** 生长旺盛的多年生草本植物，作为一种湿生植物，在静止或流动的浅水区中长得很好。

· **睡菜（绰菜、暝菜）：** 多年生草本植物，具有深橄榄绿叶子和小的雏菊状花朵，喜欢在浅水区生长，对于一个野趣池塘庭院来说是一个不错的选择。

· **梭鱼草（海寿花）：** 生长旺盛的多年生草本植物，具有心形叶子和精致的蓝色花朵。在水边丛生时看起来非常美丽。适合一个野趣池塘庭院。

· **三白草（五路叶白、塘边藕）：** 多年生草本植物，尖茎上长有心形绿色叶子和蜡状乳白色花朵；它在水沟、沼泽等低湿地区能茁壮生长。

浮叶植物

什么是浮叶植物？

这些引人注目的植物叶子和花朵都漂浮在水面上，根部蔓生在池塘底部的泥沼中，或者扎根在其中。它们可为野生生物提供遮蔽，并能抑制藻类生长。在所有的浮叶植物中，荷花可以说是最常见和最艳丽的。如果你想要让池塘生物聚居在你的水景庭院，可以引入一些浮叶植物。

指南

大多数浮叶植物对水深和水温都很敏感，请务必了解它们的习性并知道你的池塘深度和平均水温。荷花有很多品种，可以选择几种开花时间不一样的品种栽种。除非有特殊品种，这类植物都应与水面高度持平。

小贴士

当你种植这些植物时，小心不要损坏你的池塘；不要使用长钉、园艺叉或棍子等工具，避免破坏衬垫。有些植物对水的情状非常挑剔——寒冷的、温暖的、流动的、静止的等等，所以要掌握每种品种的生活习性。如果你对某种特定植物的习性有疑问，先买一小株种植来了解其习性。

这种半重瓣且花香浓郁的荷花有玫红色的花瓣和金黄色的花蕊，特别适合栽种在大型的池塘里。

细叶满江红
仙女苔藓、水蕨

可自由漂浮的微小多年生蔓生植物，堆聚成绿色、紫褐色的叶丛。

条件： 喜欢自由漂浮在水上。

设计说明： 对于一个新建成的池塘而言是一种不错的选择。当其他水生植物还在缓慢生长时，它可以迅速铺满整个池塘，但它可能会具有侵入性，甚至挤占其他植物的生存空间和资源。

↔ 无限宽

"西伯特"睡莲
荷花

这是一种开花的热带睡莲，具有褐色和紫绿色叶子和带有黄色雄蕊的红紫色花朵。这种植物需要生长在温暖的气候环境中。

条件： 喜欢约60cm的浅水。

设计说明： 一种精致的睡莲，具有异常鲜艳的颜色。

↔ 2.1m

"诱惑"睡莲
睡莲

具有带斑点的紫绿色叶子和带有黄色雄蕊的星形橙红色花朵。

条件： 喜欢充足的空间，适宜栽种在水深约90cm处。

设计说明： 精致的花朵与有斑点的叶子形成鲜明的对比。

↔ 1.5m

"埃莉丝"睡莲

荷花

常见的莲花，具有紫绿色叶子和带有黄色雄蕊的玫紫色花朵。

条件： 喜欢浅水，水深最深不超过45cm。

设计说明： 对于小型池塘和容器培养而言是一个不错的选择，但是在大片蔓生时也会呈现出壮观的景致。

↔ 1.2m

"雷内·杰拉德"睡莲

睡莲

大型睡莲，具有紫绿色大叶子和粉色有斑纹的玫红色花朵。

条件： 喜欢中等深度水域（约45cm）和充足的空间。

设计说明： 对于一个大型池塘而言是一个不错的选择。

↔ 1.5m

荇菜

穗边睡莲

落叶睡莲，具有小的绿色叶子和穗边黄色花朵。

条件： 喜欢浅水，适宜水深约45cm。

设计说明： 对于一个小型天然池塘而言是一个不错的选择；它看起来比一个大型荷花更朴实宜家。

↔ 60cm

大藻（水白菜）

水浮莲、贝壳花

繁殖力极强的蔓生植物，具有海绵状的绿色叶子，丛生成玫瑰形状，看上去像一颗莴苣。喜温暖湿润的气候，不耐严寒。

条件： 喜欢自由漂浮在水面上，适宜水深约90cm。

设计说明： 尽管这种植物可以迅速铺满池塘，但是它具有侵入性，并抢占池塘里的其他植物的生存资源。对于一个天然池塘或一个小型规则式池塘而言是一个不错的选择。

↕ 30cm ↔ 无限宽

耳状槐叶萍

蝴蝶蕨

自由漂浮的多年生蔓生热带植物，褶皱略微带毛，淡绿色的叶子看起来有点像绿色的蝴蝶群聚在一起。

条件： 自由漂浮在水上。

设计说明： 这种植物具有侵入性。叶子脱落可以成为新的植株。当它们变成褐色并死亡时需清理打捞干净。对于一个天然池塘或一个小型规则式池塘而言是一个不错的选择，而对于溪流则是一个糟糕的选择。

↕ 25cm ↔ 无限宽

其他睡莲

- **"费罗贝"睡莲：** 经典荷花，具有褐色到铜红绿色的叶子和带有橙红色雄蕊的紫红色花朵。适宜生长水深：15cm～45cm。

- **"格莱斯顿"睡莲：** 自由开花的莲花，具有紫绿色的叶子和带有黄色雄蕊的乳白色花朵。适宜生长水深：45cm～90cm。

- **"莱德克尔艳丽"睡莲：** 具有紫绿色的有斑点的叶子和带有橙红色雄蕊的深紫红色花朵。适宜生长水深：15cm～45cm。

- **"光亮"睡莲：** 具有紫绿色的椭圆形叶子和带有黄色雄蕊的粉红色花朵。适宜生长水深：45cm～60cm。

- **"弗吉尼亚"睡莲：** 自由开花的莲花，具有紫绿色叶子和带有黄色雄蕊的乳黄色花朵。一种具有罕见的窄花瓣的精致睡莲。适宜生长水深：15cm～45cm。

沉水、浮水植物

这些是什么类型的植物?

尽管在沉水、浮水植物和浮叶植物之间有一些相似,但最主要的区别在于沉水、浮水植物有在水中可溶解和吸收养分的根系,它们可以吸收水中的二氧化碳并释放氧气。另外,还可以缓解水体富营养化。如果你希望水质清澈,就要以培育一些沉水、浮水植物。

指南

如果想要池塘内的水质清澈,你有两种选择,一是可以安装一个水泵和过滤器,二是可以在水下种植沉水、浮水植物。最好尝试几种不同类型和大小的品种,然后看看它们是否会茁壮成长。如果新池塘里的水质浑浊不清,带着泥浆甚至是水泥浆,那么在杂质沉淀下来之前不要种植。

小贴士

有些植物对水质的要求非常高,例如,有些需要温暖的、浅浅的、静止的水,而另一些喜欢有深厚的淤泥或在树荫下,要全面了解它们的习性。当你引进新植物时要小心,确保它们很健康,没有遭受病虫害。在把它们放进池塘里之前,最好先用清水冲洗一下。

凤眼蓝漂浮在水面并在夏末盛开如兰花般的花朵。喜温暖湿润的环境。

金鱼藻

多年生草本沉水性植物,具有细长的梳状蕨叶和小的粉色花朵。

条件: 喜欢静水,避免强烈光照。

设计说明: 对于一个规则式或天然池塘而言是一种不错的植物。

↔ 无限宽

水藓

水生莫丝、柳叶莫丝

美丽的苔藓般的多年生植物,具有多毛的暗绿长茎和小的矛形叶子。

条件: 喜欢流动的水,上部随溪水流动。

设计说明: 对于一条流动的小溪或泉水而言是一个不错的选择。

↔ 无限宽

美洲赫顿草

羽箔美国、羽堇、水堇

美丽的多年生植物,分布广泛,具有大量柔软的淡绿色叶子和淡粉白色花朵。

条件: 喜欢充足的空间。

设计说明: 一种具有吸引力的植物;在春季,它的花朵立在水面之上。

↕ 90cm ↔ 无限宽

粉绿狐尾藻

鹦鹉的羽毛、水羽毛

生长范围广，茎上长有羽状绿色叶子。

条件： 需要充足的空间，是颇具知名度的观赏性水草。

设计说明： 适合一个中等深度的天然池塘。生长迅速，可蔓延整个水面。

↔ 无限宽

菹草

卷眼子菜、眼子菜

多年生沉水草本植物，长有蕨状叶子和小的红色、白色花朵，正好伸出水面。

条件： 喜欢扎根在静止庇荫水域中的深泥里，水质微酸至中性。

设计说明： 对于一个大型天然池塘而言是一种不错的植物。根部可以在泥里生长，是湖泊、池塘和水景中的良好绿化材料，但侵入性很强。

↔ 无限宽

小水毛茛

毛茛、水毛茛

美丽精致的一年生或多年生植物，具有小的绿色叶子和黄白色花朵。

条件： 喜欢扎根在浅水区深泥里，不喜流动水。

设计说明： 适合一个天然池塘，根部可以生长在泥里。

↔ 无限宽

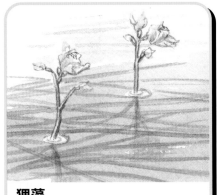

狸藻

闸草

生命力旺盛的多年生植物，生长范围广，具有棕绿色叶子、捕虫囊和黄色花朵。

条件： 一般生长在湿地、池塘处。

设计说明： 对于一个天然野生生物池塘而言是一种不错的植物，花期漫长，习性独特，十分引人注目。

 无限宽

苦草

鳗草、扁草

精致的多年生蔓生植物，叶片呈线形或带形，能长成螺旋状。

条件： 适宜生长在浅水约30cm和静止的水域。

设计说明： 如果想让池塘中有植物露出水面时，是一种不错的选择。

↔ 无限宽

其他水生植物

· **假马齿苋属：** 沉水水生植物，具有粉绿色叶子和鲜艳的蓝色花朵——适合一个小型且阳光充足的池塘。

· **杉叶藻（杉树藻、瓶刷草、两耳草）：** 垂直的茎上长有螺旋状绿色叶子，适合种植在大型天然池塘，因为它需要大量空间。

· **大软骨草：** 半常绿植物，具有很多蛇形茎，被微小的鳞状叶子覆盖，适合生长在面积广阔的深水区。

· **浮萍属（水萍）：** 具有微小叶子的植物，叶子在水面上形成一片绿毯，在一个大型天然池塘里会成为野生动物的美味食物。

· **轮叶狐尾藻（菁草）：** 多年生植物，具有肥硕的茎和环状鲜绿叶子，适合在宽阔的浅水区生长。

· **丽藻（轮藻）属：** 沉水植物，具有灰绿色尖叶，可利用光合作用产生大量氧气，对清洁水域有益。

背景植物

为什么需要背景植物?

每个水景庭院都需要乔木、灌木和其他植物作为基础,以便为所有来到水域的野生生物提供荫凉处、私密处和隐蔽处。此外,利用植物的高度、颜色和一般特性可以更轻松地强化关于一个水景庭院的特征:柳树暗示着英式的溪流和乡村池塘,雅致的枫树和松软的草丛对于一个日式水景庭院来说是完美的选择。这些植物将水域与庭院连接起来。

指南

当规划植物种植时,要做的第一件事是掌握你庭院内阳光、阴凉、土壤、水域以及遮蔽处等情况。然后,根据植物不同的生长需求给它们分类,通过排除法,判断哪些植物可以在庭院里种植。然后你就可以怀揣着一份候选清单去苗圃或花卉商店选购了。去本地的水景庭院寻找创意和灵感永远是个好主意。

小贴士

当选择植物的时候,最佳方法是在附近转转,记下那些长势很好的植物。当你去花卉商店或苗圃之前,要了解植物的生长习性、熟知它们的生长尺寸。你可能会喜欢一株柳树,但是它会不会在你的庭院里显得过大呢?你可能想要种植一种特殊的树木,这样它会成为你早晨起床看到的第一处美景,但是它最终会不会投下太多的树荫呢?计划长远一点永远是明智的做法。

关注那些吸引你目光的植物,然后找出它们的名字并了解它们的生长需求。

这些针叶水杉喜欢生长在溪流和池塘附近。

参观当地的大庭院,如果你有兴趣和时间,可以去更远的地方去寻找创意——做笔记、问问题,并享受这种体验。

许多种类的竹子适合生长在水边。

蕨类植物会长在溪流和池塘边缘。

斑叶芒在湿地的深坑中或水边会长得很好。

设计整个场景

垂柳外形美观可大量种植。它们在微湿的泥土里茁壮成长，并在一片水域旁边展现出惊艳夺目的美。

耐寒喜湿的大叶蚁塔具有大得令人吃惊的叶子。

白纹阴阳竹是一种喜湿竹子。

即便没有池塘或溪流，沼泽园还是会给人造成有水域存在的错觉。依靠巧妙的种植，一些"水景庭院"甚至可以全部都是沼泽，没有水域。

雅致乌毛蕨

三角羽旱蕨

精致的、原始的喜湿蕨类植物，具有典型的蕨叶。

土壤和条件： 喜阴湿的水沟及坑穴边缘。

设计说明： 对于一个野趣庭院、一个以"原始"为主题的庭院或需要大量绿色植物的环境而言都是一个不错的选择。

↕ 15cm~75cm ↔ 45cm~75cm

"布兰特伍德"阔叶风铃草

吊钟花

多年生植物，具有深绿色叶子和蓝色、灰色或紫色的钟形花。

土壤和条件： 喜阳光充足的环境，可耐半阴；土壤排水透气性强。

设计说明： 对于沼泽园和林地而言是一个不错的选择。它有太多类型，以至于吊钟花几到处都能生长——在水边、林地，甚至在没有水的干涸的区域。

↕ 20cm~1.2m ↔ 90cm

朱丝贵竹

具有独特节茎的巨型竹子。

土壤和条件： 喜阳光、耐半阴，土壤需肥沃湿润。

设计说明： 对于一个大型天然池塘而言是一种优良植物，是一种极具吸引边的观赏性植物。

↕ 6m ↔ 2.4m

单穗升麻

美洲升麻、升麻

多年生草本植物，具有瘦长结实的茎，顶上长有松软的粉色花朵。

土壤和条件： 幼苗期忌阳光直射，开花结果时需充足阳光，喜酸性和或中性的腐殖质土壤。

设计说明： 对于水边或者乔木和灌木底下以及树荫深处而言是一个不错的选择。

↕ 1.2m ↔ 50cm

"西伯利亚"红瑞木

山茱萸、西伯利亚山茱萸

落叶灌木，具有绿色到黄红色茎。

土壤和条件： 适宜生长在潮湿温暖的环境，喜肥怕涝。

设计说明： 对于一个大型天然池塘而言是一个不错的选择，颜色鲜艳，是绝妙的观赏植物。

↕ 1.8m ↔ 3.5m

蒲苇

潘帕斯草

巨型草丛状多年生常绿植物，具有美丽的乳白色羽状花。有许多变种，在高度和地理分布上各不相同。

土壤和条件： 喜阳光充足的环境和排水良好的深厚沃土。

设计说明： 尽管种一小丛就是一个不错的选择，但是它在三五成群时会呈现出绝佳的景致。适合作为一个大型天然池塘的背景植物，或作为一个有围墙的小型池塘的观赏植物。

↕ 3m ↔ 3m

莎叶草

埃及莎草、纸莎草

高大精致的挺水植物，具有带绿色穗边的拖把状花冠。

土壤和条件： 阳光充足或斑驳树荫下的深厚微湿土壤或深达15cm的水中。需要生长在温暖隐蔽、无霜冻的位置。

设计说明： 在一个天然池塘边、一个地中海式或日式庭院里，或作为草丛的一部分会呈现出最佳的景致。对于一个北美风格的水景庭院来说也是一个不错的选择。

↕ 4.8m ↔ 90cm

澳大利亚蚌壳蕨

塔斯马尼亚树蕨、树蕨

大型的树状不耐寒蕨类植物，树干末端具有巨大的玫瑰状开裂蕨叶。

土壤和条件： 适宜生长在阳光充足的遮蔽条件下，深厚温暖微湿的沃土。

设计说明： 对于一个在隐蔽位置的大型天然池塘或一个阳光充足的庭院而言是一个不错的选择。可作为热带主题的庭院布景。

↕ 12m ↔ 7.5m

木贼草

马尾草、笔筒草

茎中空有节。多年生植物，具有节茎。

土壤和条件： 适宜生长在阳光充足条件下的深厚湿润沃土。

设计说明： 对于一个大型野外天然水景庭院而言是一个不错的选择。当无限制生长时，看上去会令人震撼。

↕ 1.5m ↔ 1.5m

紫花泽兰

斑茎泽兰、甜斑茎泽兰

多年生草本植物，具有紫绿色的茎，末端长有粉紫色花冠。

土壤和条件： 适宜生长在阳光充足或局部树荫下的微湿土壤。

设计说明： 对于一个隐秘性要求高的庭院而言是一个不错的选择，它会大片生长，起到遮蔽作用。

↕ 2m ↔ 90cm

箱根草

精致的丘状草丛，具有泛微红色的金绿色叶子。

土壤和条件： 阳光充足条件下的深厚微湿沃土。

设计说明： 有荫凉且阳光充足的庭院、一个小型水景庭院、一个地中海式或日式庭院中的小池塘，或者作为草丛的一部分种植。

↕ 25cm ↔ 45cm

金丝桃

贯叶金丝桃

精致的地被植物，具有柔软的绒毛叶子和黄色花丛。

土壤和条件： 适宜生长在阳光充足环境下，土壤肥沃且排水性好。

设计说明： 对于一个岩石庭院和作为林地里的地被植物，都是一种不错的选择。

↕ 30cm ↔ 无限宽

鸢尾属

异常美丽的多年生草本植物，具有长长的绿色叶子和独特的花朵。有很多种类可供选择，但不是所有种类都适合生长在非常潮湿的土壤——需要提前了解不同种类的习性。

土壤和条件： 喜湿润土壤，光照宜充足，耐寒性较强。

设计说明： 对于一个水景庭院而言是完美的选择。它有很多的类型、大小和颜色，可以从春季一直盛开到夏末。鸢尾、柳树、蕨类植物和草丛是一个完美的组合。

↕1.2m ↔ 无限宽

夏雪片莲

巨雪花莲、夏雪花莲

美丽的小型球状多年生植物，具有细长的绿色叶子和钟形白色花朵，很像一株高大的雪花莲。

土壤和条件： 适宜生长在阳光或树荫下的肥沃微湿土壤。

设计说明： 当你试图在一个潮湿区域创造一种天然的野外景观时，它可以完美地实现这个想法。对于一个林地水景庭院而言也是一种极佳选择。

↕50cm ↔ 30cm

欧紫萁

西洋薇、开花西洋薇

精致壮丽的蕨类植物，具有高大的黄绿褐色蕨叶，易于培养。

土壤和条件： 适宜生长在阳光充足或半阴处，土壤应湿润、肥沃。

设计说明： 与水为邻时，在鸢尾、草丛和荷花旁边种植会呈现出不错的景致。在树木的荫蔽下看起来十分亲切朴实。

↕1.8m ↔ 90cm

狼尾草属

喷泉草

精致的多年生草本植物，丛生或聚生成簇，具有细长的绿色叶子，顶部长有紫色的羽状物。

土壤和条件： 适宜生成在阳光充足且靠近水域的环境，土壤肥沃、排水性良好。

设计说明： 适合栽种在池塘庭院，或者作为封闭庭院内的景观植物亦可。在其他草丛和蕨类植物旁边也会呈现出不错的景致。

↕90cm ↔ 90cm

"红龙"小头蓼

拳参

美丽的多年生草本植物，具有尖尖的红绿色叶子和小的粉色、白色花朵。

土壤和条件： 适宜生长在阳光充足或半阴环境，喜湿润且排水性良好的土壤。

设计说明： 当你想模糊水域和陆地的边界时，这种植物非常符合需求。

↕10cm ↔ 无限宽

竹属

竹子

大型的多年生一次结实植物，具有带纹沟的支茎和黄绿色叶子。它们具有很多不同的颜色、高度和习性的种类可供选择。有一些具有侵入性。

土壤和条件： 土壤应肥沃深厚，可生长在遮阴处，半阴处或充足光照下。

设计说明： 适宜栽种在大型庭院内。

↕7.5m ↔ 无限宽

苦竹属
竹子
中小型竹子，具有节茎和黄绿色叶子。

土壤和条件： 适应生长在阳光充足的环境，土壤需深厚肥沃，且排水性良好。

设计说明： 适合栽种在中式或日式水景庭院。

↕90cm ↔ 无限宽

欧亚水龙骨
普通蕨类、欧洲水龙骨、水龙骨
精致的有吸引力的蕨类植物，具有绿色叶状的矛形茎。

土壤和条件： 能够生长在任何地方，但是更喜欢斑驳树荫下的深厚微湿沃土。

设计说明： 对于一个以绿色为主题的庭院、一个封闭的水景庭院或一个温室水景庭院而言是一个不错的选择。

↕45cm ↔ 45cm

柳属
柳树
亲水的落叶植物，具有银色、灰绿色叶子和松软的絮状花。有许多品种，外形从高大到低矮都涉及。柳树和水域是彼此相依的。

土壤和条件： 适宜生长在光照充足的环境中，土壤应肥沃湿润。

设计说明： 对于一个水景庭院而言是一个不错的选择。需多了解不同的品种再选择栽种，以便与庭院空间相适。

↕90m~25m ↔ 1.5m~12m

落羽杉
池柏、落羽杉
大型落叶针叶树，具有亲水特性，它有特殊的根茎，能生长在浅水中。秋季落叶迟，且颜色美丽。

土壤和条件： 喜阳光，耐低温、干旱，对土壤无特殊要求。

设计说明： 是栽种在水边的极佳选择。

↕25m ↔ 15m

"魅力"维州腹水草
婆婆纳
亲水植物，具有薄薄的绿色叶子和鲜艳的蓝色尖顶状花簇。

土壤和条件： 适宜生长在阳光充足的环境，非常耐寒，土壤需潮湿且排水性良好。

设计说明： 对于一个小型天然池塘或潮湿的水域边缘而言是一个不错的选择。深绿色的叶片搭配深蓝色的花朵格外好看。

↕10cm ↔ 无限宽

其他背景植物

· **槭树属（枫树）：** 主要为观赏叶片颜色而种植的精致树木，它们在水边会看起来很完美。

· **草甸碎米荠（草地碎米荠）：** 一种草甸植物，具有水芹般的叶子和小小的丁香蓝花朵；适合栽种在潮湿的草甸。

· **流星花属：** 喜欢树荫的精致喜湿植物，对于水景庭院、池塘或一片草甸来说是一种不错的选择。

· **桉属：** 为欣赏其颜色和赏受其带来的芳香而种植的乔木或灌木。一些品种非常适宜潮湿的地带。

· **丝带草：** 多年生禾草，叶片扁平，有白色条纹相间，具有白色锥形花序。极其适合一个冷绿色主题的庭院。

· **蔓越莓：** 常绿灌木，具有深绿色叶子、粉色花朵和红色果实，特别适合栽种在水边潮湿的地区。

· **水生菰（加拿大野生稻）：** 高大禾草，具有精致的淡绿色花冠。对于一个野趣庭院而言是一个美妙的选择。

鱼类和其他动物

我能在小池塘里养鱼吗？

根据水质的不同，你的池塘可以为能游动、跳跃、蠕动、爬行和飞翔的动物（从鱼类、青蛙到蜗牛、蝾螈和小昆虫）提供栖息地。一个水景庭院的美妙之处就在于几乎不可能阻挡野生动物进入，困难在于如何平衡各物种的关系。对于一个小型池塘而言，首先引入一些当地鱼种，待它们茁壮成长后，再考虑下一步则不失为一个好主意。

如果你特别想饲养观赏鱼，比如巨型锦鲤，你应该在建造池塘之前就做足准备了解其特性。按这种方式，你将能够满足它们的所有需求。

新建成的池塘在引入鱼苗前最好可以空置一年以上，让青蛙等其他野生生物先进入并栖居下来。

适合你水景庭院的鱼种

鱼池的尺寸和环境是打造一个"宜居"池塘的关键因素。如果池塘太小，而鱼的体型和数量太大，鱼将会很难游动。一些鱼喜欢清澈的浅水区，而另一些喜欢幽暗的深水潭。还有很多其他因素——水温、水是流动的还是静止的、冬季条件、阳光和阴影、食物的选择等都会对鱼类产生影响。对于新手而言，最佳方式是将池塘空置一年左右，直到青蛙、蟾蜍、蝾螈、小昆虫、蜗牛及其他动物栖居下来以后，再引入一些当地鱼种，看看它们长得如何。在一个已经有完整生态链的野趣池塘里，鱼群生活在有植物、昆虫和碎石环境中，将会非常愉快。而在一个观赏性水池里，清澈的水里几乎没有植物，你必须要为鱼群提供食物。在不断试错过程中，你将很快发现自然选择的力量，自然会将最适合生活在你池塘中的物种选出。

常见问题

- **所有金鱼都是金色的吗？** 不是，它们的颜色范围从金色一直到奶黄色，并带有各种黑色和褐色斑纹。一些所谓的金鱼其实是翘尾五花鱼。

- **鱼池中可以建喷泉吗？** 一些鱼不喜欢流动的水，而另一些鱼却喜欢。

- **鱼会被吸进泵里吗？** 成年鱼不会，但是鱼卵和鱼苗会有被吸进泵的危险。蛙卵和蝌蚪的情况也差不多。池塘越大，风险越小。

- **鱼会产卵吗？** 如果有一定空间，并且鱼生活得很快乐、安定，空间大小适宜，它们就会产卵。

- **水下照明会影响鱼生活吗？** 如果池塘足够大，有黑暗的区域让鱼停留，那就没问题。但如果不是这样，它们就会受到影响。尽量不要让灯整个晚上都亮着。

- **我能在同一个池塘同时拥有大鱼和小鱼吗？** 可以，但是你必须警惕丁鲷等大型好斗的鱼类可能会吃掉它们遇到的任何鱼类。再次重申，池塘越大，风险越小。

草鱼

特征：引入长20cm～25cm的草鱼可以避免被其他鱼捕食。在理想条件下，它们可以长到1.2m长，能存活10年或更久。

特别注意事项：作为食草鱼类，这些鱼常被用于对水生植物数量进行生物控制。美国一些州要求引进的草鱼是不育的，以防它们过度繁殖。

赤睛鱼

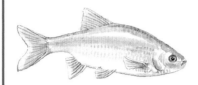

特征：仅存在于英国。体肥，大小池塘均适合蓄养。鱼身颜色可以从金黄色过渡到橙红色。能长到30cm长，可存活6～8年。

特别注意事项：这是一种能忍受水质浑浊、含氧量低、温差大的坚韧鱼种。

锦鲤

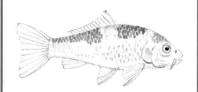

特征：在过滤池塘和大型野生生物池塘里均可以放养的特异鱼种。颜色范围有黄色、黑色乃至白色和红色，能长到50cm～59cm长，可存活50～100年。

特别注意事项：锦鲤美丽异常，但价格昂贵，饲养好也要付出极大精力。要考虑清楚后再做决定是否饲养。

普通金鱼

特征：一种能适应寒冷气候下水温环境的鱼。颜色范围从红金色到奶黄色。能长到40cm长，可存活19～25年。

特别注意事项：避免选取花式品种的金鱼——它们不仅昂贵，还需要更多的空间，并且在寒冷的冬季容易死亡。

太阳鱼

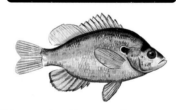

特征：原产于美国，一种小的椭圆形鱼。太阳鱼是蓝鳃太阳鱼、瓜仁太阳鱼或红耳鳞鳃太阳鱼等鱼类家族的统称。能长到25cm～30cm长，可存活4～8年。

特别注意事项：无论是休闲垂钓还是为了一饱口福，太阳鱼都是垂钓者的目标。它们非常多产，如果不合理控制，会在池塘里泛滥。

鲦鱼

特征："鲦"通常用来描述各种各样的小鱼，颜色范围从浅橙色到银红褐色。能长到8cm长，可存活2～5年。

特别注意事项：在池塘和小溪里，一群鲦鱼看起来很美，通常会被孩子们所喜爱。

其他池塘动物

除了大量的微生物，一个新池塘很快就会挤满各种生物，从青蛙到蝾螈，再到蜻蜓和蜗牛。小虫子太多可能会破坏植物，但是它们很快（大多数情况下）就会变成其他动物的大餐。如果你观察到某个物种的数量太多，要么消灭它们，要么促使那些在池塘里将它们当成猎物的动物数量增长。

青蛙

蜻蜓

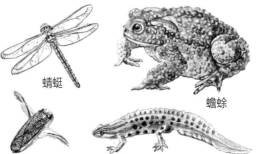
蟾蜍

蜗牛

划蝽

蝾螈

蓄养与照料鱼类

我能养多少鱼？

这个问题很大程度上取决于池塘大小、深浅以及水质，但总体来说，你在每个手掌大小的水中可以养一条约2.5cm长度的鱼。鱼可以通过自我调节来控制数量，如果数量太多鱼就不会产卵，并且疾病和寄生虫将减少它们的密度，所以最好先引入少量的鱼苗来适应环境。如果你每次只投放1~2条鱼，就能避免差错。

在你的池塘里蓄养鱼类

品种　一个新池塘最开始更适合引入当地或生命力旺盛的鱼类，例如金鱼、丁鲷、棘鱼、鲦鱼或鲤鱼。观察记录池塘环境，了解不同鱼类的习性和生存需求后，再购买合适的鱼苗。注意一些鱼是有攻击性的，它们甚至可能会吃掉其他的鱼。

大小　最好选择成熟期长约7.5cm~15cm的鱼。大鱼不仅消耗过多资源，而且它们运输起来会更困难，也更有可能难以在新环境里安顿下来。

将鱼带回家　如果你的鱼是从一个专业供应商那里购得的，他们会把鱼放在一个塑料袋里，并装入少量空气。将袋子放在车内一个凉爽的地方，并尽可能在最短时间内将鱼带回家。如果鱼的体型很大，价格昂贵，就让供应商来负责运输。

将鱼引入池塘　当你把它们带回家时，解开袋子系扣，但不要将鱼放出，将其放在池塘周围的浅水区。要当心猫咪！大约一个小时以后，将鱼从袋子中放出，这样鱼就可以安静地游进池塘了。

特定的鱼需要特定的生存条件。在选择和购买之前必须要向鱼类专家咨询意见。

数量指南

　　粗略估计，你的池塘每30cm²水域可以容纳一条2.5cm长度的鱼——可以说每1m²大约可以养9条小金鱼。

1m×2m池塘（2m²）

　　大约可容纳18条小金鱼。这个数字基于以下情况：一些鱼会长大并产卵，而另一些鱼会死去。

2m×2m池塘（4m²）

　　大约可容纳36条小金鱼。如果你决定将多种鱼混在一起，比如小金鱼和大丁鲷，你要相应地调整数量。

4m×2m池塘（8m²）

　　尽管这种尺寸的池塘理论上可以容纳大约72条小金鱼，但由于鱼会产卵、长大和死亡，适宜的数量永远处于变化之中。

购鱼的小技巧

· 选择一个信誉好的商家——最好是好评度高的。

· 注意商店里的每个鱼缸是否都装有过滤器，以便抑制和避免疾病。

· 你应该能够准确地挑选出你喜欢的鱼。

· 健康的鱼应是眼睛明亮、前鳍直立，并且鱼身上没有斑点。

· 避免选购鱼鳞脱落、鱼鳍撕裂和身上有白色斑点的鱼。

· 选购小而活泼的鱼。

· 捞鱼应该用软塑料网兜起来——使创伤最小化。

· 将挑选好的鱼装在塑料袋里，一半水一半空气，避免鱼缺氧。

· 避免在非常炎热或非常寒冷的天气里运输鱼。

喂食

在一个已经成熟的野趣池塘里，各种植物生长在水里、水外和水边，鱼能够以水虫、飞虫、池塘植物和池塘底部的碎屑为食。而在一个观赏性水池里，由于水质清澈，几乎没有植物，你就需要购买优质鱼食来喂鱼——比如干苍蝇、切碎的虾仁和蚂蚁蛋。每天在同一时间给它们喂食，大约在中午当水温已经上升的时候。喂食宜少不宜多。观察鱼的进食情况，只给它们大约3~4分钟内可以吃掉的食物量为宜。尽量避免有食物残留，因为不新鲜的食物积累起来会污染水。在冬季，当鱼处于半休眠状态，并且能够靠自己的身体脂肪存活时，就不必喂食。

常规任务

除了给鱼喂食和保证水质清澈健康外，你还需要建立一个常规的检查方案。检查鱼类以确保它们很健康，没有异常行为或奇怪的肤色减退现象。如果你看见一条鱼半浮着，或者处于一个非常静止、迟钝的状态，用软网把它从池塘里捞出放在一个隔离缸里。当你网鱼的时候可先让接鱼的容器进水，把鱼赶到容器里，连鱼带水一并捞起。注意，产卵的鱼有时会在温暖的浅水区翻滚，注意区别。还要确认池塘里没有被某一种植物或动物群侵占，比如有太多蜗牛、藻类或浮萍。确保在非常炎热的天气下水位处于适宜水平。当你清理池塘的时候，不要伤害任何藏在泥里的小鱼。

过度拥挤 如果池塘生物过于密集，鱼群将会出现互相为食、无法繁殖或者生病的现象。总体来说，这类问题可以通过鱼类自身调节。

捕食者 一些大鱼将会吃掉一些小鱼，猫、水蛇以及苍鹭等鸟类会捕食鱼类，甚至老鼠和白鼬等一些哺乳动物也会吃鱼。最佳做法是避免引入相为食的鱼类品种，并小心提防鸟类和猫咪。对其他的弱肉强食行为进行合理控制。

冰冻 如果你生活的地区冬季寒冷会结冰，可以使用浮动的除冰装置。不要击打冰，因为这样会伤害鱼群。一些鱼类品种需要被移入室内过冬。

死亡 一旦发现死鱼应立刻捞出，因为它们可能得了某种传染病。对于一条濒死的鱼，可以猛烈锤击头部让其解脱。如果对鱼类的死亡情况有疑问，应立即咨询专业兽医。

无聊 鱼也会感到无聊？是的，为避免这种情况发生，将它们养在一个满是植物、泥土和隐蔽处的野趣池塘最适宜。

过度兴奋 以下几种原因会导致鱼过度兴奋：喂食时间到了、害怕捕食者、水里没有足够的氧气或者繁殖季到了。最好做法是合理喂食，尽可能让捕食者远离水域并确保水里氧气充足。

鱼类病害及治理

虱子
症状 鱼身上的虱子清晰可见。受到严重感染的鱼会死。

疗法 用一个小刷子小心刷掉虱子，如果大批鱼身上有鱼虱子则可将鱼移至盐水中或专用的药剂中。

白斑
症状 造成白斑的寄生虫看起来像微小的沙粒。可以看到感染的鱼会靠着池塘一侧摩擦身体。

疗法 根据池塘的大小，可以运用专业疗法在池塘里或隔离缸中进行治疗。

溃疡
症状 这种疾病表现为鱼身上出现各种各样的血斑、腐烂的鱼鳍和斑点状的肿块。

疗法 尽管在早期可以通过治疗而痊愈，但这种疾病太猖獗，最好彻底清除感染来源并处理受感染的鱼。

真菌
症状 有几种类型的真菌会感染鱼类，最常见的是口腔真菌和棉毛真菌。

疗法 移除受感染的鱼，并将它们放在一个隔离缸里，让专业兽医来治疗它们。

水景庭院维护

维护困难吗?

一般来说，水景庭院的维护并不像建造那样困难。主要应保持池塘和水景的洁净，可能要赶走那些讨厌的蟾蜍，通常还要留意庭院周围的鱼和动物群。除了这些有关水域的工作，其余的维护工作与普通庭院的工作都是相同的：修剪草坪、修理东西、修剪灌木和树木、培土、维护道路和墙壁等等。

常规工作

春季

清理池塘并进行维护，将冬季拆下储存的水泵和喷泉放回原位（见第73页），重新摆放植物，通常还要修复在冬季损坏的所有东西，比如围栏和门柱。

在天气允许的情况下，开始把桌椅等家具搬出来。别忘了检查鸟的巢箱。

夏季

每周仔细查看池塘和水景建筑（见第72页）。一些池塘水草类植物繁殖力强，需时常关注和清理。

除了与水有关的工作之外，你也得修草坪、耙碎石、整理边界，通常也要控制所有的水边植物的生长。

秋季

清理枯叶和碎屑，剪去濒死的枝叶，将娇嫩的植物移入室内过冬。当清洁一个使用丁基/塑料衬垫铺设的池塘时要小心不要损坏衬垫，不要使用有尖刺的棍子和锋利的园艺

叉。当野趣池塘完全成型时，时刻提醒自己，不要忘记池塘下有一个可能会损坏的衬垫。

对门、墙和藤架等结构进行检查。加固在冬季会受影响的物件，并检查围栏板是否坚固和稳定。

在一个野趣水景庭院里，可以在庭院四周留下成堆的原木、成袋的枯叶、翻倒的花盆和成堆的砖块，这样一来，鸟类和青蛙、蟾蜍、蝾螈以及老鼠等小动物就有了躲藏的地方。如果你想让刺猬和獾等更大的动物进入庭院，就挖一些地道、坑洞等隐蔽处。

冬季

清理庭院周围最后的枯叶。用温水清洗所有东西——池塘边缘、瓷砖、砌砖、铺砌面、池塘边的家具，以及任何看起来脏兮兮的东西。把家具等物品收好过冬。

如果是野趣水景庭院里，要用油脂丰富的坚果投喂鸟类。也可以排干池塘内的水。

疑难解答

水位下降

如果水位下降得很快，首先将水中的鱼类和植物挪到合适的地方，然后排干池塘的水来检查池塘（详见第75页）。

缺氧的鱼

如果鱼在炎热的天气里缺氧，首先要不断为池塘补充水，然后安装一个带喷泉的大水泵来为水充氧（详见第73页）。

水泵失灵

如果水泵停止运转，先检查电源，然后关掉水泵，再拆下水泵并进行彻底清洁（详见第73页）。同时需要考虑准备一个备用泵。

硬质材料维护

砖砌建筑

在早春时节擦洗砖砌建筑。庭院墙壁和露台上小面积的损坏可以将水泥、沙混合来重新勾缝。

石砌建筑

除了冲洗绿色、黏滑的台阶，老旧的接头处也需要清洗干净，并用水泥、细沙和石灰以1：6：1的比例混合而成的低强度灰浆修复。

铺板平台

一个精心建造和维护的木质铺板能够持续使用25年。潮湿是木铺板最大的敌人，最佳的处理方法是清理碎屑，这样木头就可以在阳光和风中自然干燥。

门和围栏

一个精心建造和维护的院门能够持续使用25年，特别是当木头经过压力处理之后更加坚固。木质围栏板应该能够持续使用10年或更久。门和围栏最大的敌人是潮湿和风的侵蚀，需要清除周围的碎屑，在冬天来临前为它们做好防护准备。

普通修剪

修剪是为了除去木本植物的某些部分，以便使其沿一定方向生长成特定形状来保持其良好的健康状态，从而在生长和开花之间达到平衡，并保证其果实、花朵、叶子和茎干的良好状态。

树木

长成的树木几乎不需要修剪。只有当太多树枝悬于池塘之上，竹子等植物的根部威胁到池塘的衬垫，或者树枝快要枯死的时候，你才需要修剪它们。

灌木

很多开花灌木需要每年修剪来促进开花。早春开花的灌木一旦花朵凋谢就要修剪；夏末开花的灌木在下一个春末修剪；冬季开花的灌木只需剪掉堵塞和损坏的茎，其他几乎不需要修剪。一些灌木具有非常旺盛的根系，如果你看到根部有朝向池塘的衬垫生长的趋势，要么移开这些灌木，要么修剪它们的根部。

藤蔓植物

除了剪去老的木质茎，藤蔓植物几乎不需要定期修剪。在此情况下，修剪的主要任务是将隔年的老株、病枝或过密枝进行修剪。

树篱

树篱在第一年就要将新生的植株减去一半的高度，第二年的初春到夏末再修剪4次。对于春季开花的树篱，夏初花朵一旦凋谢就要修剪。而夏季开花的树篱，要在下一个春天完成修剪工作。

玫瑰

在秋季和冬季种植的成熟玫瑰丛，要在早春叶子生长之前进行修剪。将新种植的玫瑰篱笆在第一年早春进行大幅度修剪，第二年冬末修剪的幅度相应变小，下一年冬季稍微修剪一下即可。

水景庭院植物养护日历

春季

- **水边植物** 修剪灌木、翻耕土地、在合适的地方种植，冬季过后通常也要收拾整理。

- **湿生和喜湿植物** 降低部分区域植物的密度或更换为另一些植物，例如鸢尾和芦苇等。考虑扩大种植区域。

- **挺水植物** 将过度生长的植物分株、清理。此时是添加更多植株的时候了。

- **浮叶植物** 购买新的植株，比如荷花，并将它们种在池塘里。

- **水生植物** 将放在室内过冬的植物搬出来，可能还要购买新的植株。

夏季

- **背景植物** 种植花坛植物，给藤蔓植物整理藤枝，使其按一定方向生长。移植盆栽植物，修剪藤蔓植物和灌木来促进新枝的生长。收获蔬菜和成熟的水果。修剪草坪。在需要的时候为植物搭建支架。

- **湿生和喜湿植物** 检查土壤在没被水浸的情况下是否潮湿。为马蹄莲等高大植物搭支架。根据需要为植物整枝剪花，并摘去受损的叶子。

- **挺水植物** 如果植物死后在水中开始腐烂，要尽快清理干净。

- **浮叶植物** 尽量将浮叶植物的生长面积控制在水面面积的三分之二。

- **水生植物** 确保浮萍和水毛茛等植物的生长不会失控。你可能需要剪掉一些过度蔓生的植株。

秋季

- **背景植物** 剪掉过度生长的植株，为植物搭支架，也需清理枯叶和碎屑。

- **湿生和喜湿植物** 修剪生长失控的植株、摘掉枯叶。

- **挺水植物** 将那些挤占其他植物生存空间的植物拔掉。

- **浮叶植物** 清理水面上的枯枝落叶。

- **水生植物** 根据你所在地区的条件，将部分植物搬进室内过冬。

冬季

- **背景植物** 清理杂物并在嫩树根部覆一层厚土。

- **湿生和喜湿植物** 清理周边杂物。

- **挺水植物** 清理枯叶杂物。

- **浮叶植物** 保持原样，不用去管。

- **水生植物** 照料已经搬进室内的植株。

有时为了顾全大局，你不得不移除某些植物。除掉任何在庭院里"侵略式"生长的植物。

池塘维护

这是一个棘手的任务吗？

你将面对的是要经常清洁水泵，对池塘进行小修小补，更换、分栽和移动植物，修补漏洞，打捞死鱼和濒死的鱼等。所有这些工作都会把干活的人弄得又脏又湿。然而，这些与水打交道的工作，都特别令人兴奋并且有益健康。所以，需要去维护池塘时，就用享受的心情去发现乐趣吧！如果孩子们想要帮忙干活，你一定要密切关注他们的安全。

常规工作

夏季

每周清洁小水泵、过滤器一次。关掉电源开关，从池塘里捞出水泵，去除藻类和杂物，用温肥皂水清洗过滤器，再用清水冲洗干净，然后安装并复位。在高温闷热的夜晚，打开喷泉或软管注水来为池水充氧。

秋季

清理枯枝落叶，并将娇嫩的植物移入室内过冬。整个秋季你可能需要清理落叶3～4次。

冬季

清理最后一批落叶，拆除并清洁水泵、过滤器和喷泉，并在池塘里放一个大球，通过不时滚动球防止池塘结冰。在拆除水泵前一定要将电源断开。

春季

清理池塘，进行维护，将水泵和喷泉放回原位，照料并重新摆放植物。用温水冲洗池塘和水景设施。

控制植物生长

背景植物　如果你仔细观察过天然的溪流、湖泊或池塘，你可能会发现在周边总有一两种植物占据了大部分空间。例如，湖泊一侧可能会长满柳树和芦苇，而其他的植物不会太多。所以家庭庭院中的池塘所面临的挑战是将植物群聚在一起，让它们乐于在彼此的阴影中生长。如果你想要同时拥有柳树、各种芦苇、一片水仙花，或者其他你喜欢的植物，那你可以通过模仿传统的农业系统，通过收割芦苇和给柳树剪枝来控制它们的生长。

湿生和喜湿植物　如果某种湿生植物由于长得过于茂盛而抢占了与它毗邻植物的生存资源，比如一枝或多枝"疯长"的鸢尾和可怜的"邻居们"。你可以选择让鸢尾继续生长，甚至引入不同颜色、大小，不同花期的品种，打造一片鸢尾花海。或者在控制鸢尾生长的同时，为它的"邻居们"创造出更多的生存资源，

确保它们可以和谐相处。

挺水植物　在秋季，可以清理不想要的挺水植物。注意某些植物，比如小香蒲，根部长得十分尖锐，足以划破皮肤或柔性衬垫。对于一个小型天然池塘而言，最好的方法是用盆栽养护的方式种植挺水植物，这样方便把它们从水里抬出来，进行修剪枝、根、分株等操作。

浮叶植物　一个真正的天然池塘其水面的浮叶覆盖率控制在三分之二。如果太少，阳光会促使藻类等植物失控般生长；如果太多，水底变暗，会造成鱼类和动物群关系失衡。必需清理任何过度生长的部分。

水生植物　特别是在新的池塘，有时水生植物中的某个品种会疯长泛滥。一旦发生这种情况，你应该合理控制其生长速度，保证其他物种的合理生长。

照料鱼类

除了食物之外，鱼类需要优质水源和适当的空间（关于鱼水比例参见第68页）。如果你对这些需求中的任何一个判断错误，鱼类就会受到影响。水质不需要特别清澈，但是不应有任何异味。鱼群的健康生长始于仔细地观察。每天都要检查池塘，如果发现鱼类游动迟缓，或身上出现白斑，或者水闻起来像下水道一样，并且水面上覆盖了一层薄薄的绿泥，一定要及时处理（见第67页）。当你在考虑引进新的鱼时，要确保你的鱼苗健康。

增加新鱼

在增加新的鱼之前应谨慎。确认池塘的合理养鱼数量，以及避免不同品种相互攻击，当然也要避免引入病鱼（详见第68～69页）。

池塘修复

如果发现水位开始下降，应立刻展开修复行动（详见第75页）。假如池塘里满是鱼，则更刻不容缓。

何时以及如何清洁池塘

　　根据你的池塘大小、类型和条件，清洁工作将涉及以下几个步骤。大型天然野趣池塘很少需要清洁，除了修剪、清理植物的时候。

· 在秋末或很早的早春时节，将大部分水轻轻泵入相邻的花坛或花境里。

· 小心将鱼捞出，放进水桶或水槽里。

· 移走盆栽植物。

· 断电后拆除和清洁水泵。

· 移走浮叶植物和水生生物。

· 把剩下的水清空。

· 将淤泥移入水边花坛和花境，这样方便泥中的小生物能再回到水里。在水桶里保存一定量的淤泥，把蜗牛、蝶螈、臭虫和甲虫等放在桶里的泥中帮助它们存活下来。

· 检查池塘是否有潜在的不良问题。

· 用温水把池塘冲洗干净。

· 把植物分开并重新摆放，以适应周围环境。

· 重新灌注池塘，并将盆栽植物和桶中的泥重新置入。要慢慢地将淤泥滑入池底，避免将水弄得浑浊。

· 用清水注满池塘，然后将所有余下的植物重新栽种好。

· 小心地将所有的鱼移回水中。

维护清单

建筑物

　　检查建筑物，比如桥梁、铺板和砖砌建筑，并进行必要的修理。

杂草

　　可以用棍子搅动绿色黏性杂草，让其快速旋转并附着在棍子周围，然后捞出堆到花坛中，或堆入堆肥堆。

水泵

　　关掉电源并从池塘里拆除水泵。用温水清洗整个机械装置。要经常清洁小水泵。

喷泉

　　功率不够、停转和有故障的喷泉需要拆除、清洁并恢复到良好状态。更换扭结、清理堵塞的管道，并重置阀门和水龙头。

植物

　　池塘水面的浮叶面积应控制在水面面积的三分之二。必要时可增减浮叶面积。控制任何生长失去控制的植物的数量在大多数情况下可以直接刨掉一半。

冬季预防措施

　　对半耐寒植物做个决定：要么让它们在室外碰碰运气，要么把它们放进花盆，移入室内。
　　娇嫩的漂浮植物必须移入室内。

鱼类

　　观察鱼群，如果它们行动迟缓到你可以轻易用网捉住它们，近距离仔细查看它们身上有没有白色斑点或斑块。捞走所有生病的鱼。
　　确保鱼群有足够的隐蔽处。把陶罐和水泥管道以及任何可以为鱼和池塘生物提供良好遮盖和保护的东西放进水里。

水景庭院修复

我自己可以修复渗漏吗？

水景庭院的围栏、门、墙壁、道路和露台等建筑物的修理与其他庭院的建筑没有区别。但任何一个与水有关的问题，都会成为水景庭院真正的困难。通常情况下，池塘渗漏、大量的鱼和野生生物需要救助这样的情况非常麻烦，需要家人和朋友提供帮助。

修复混凝土铺砌面

在日常清洁时，如果你发现有一块石板裂开或损坏，应在它影响邻近的石板，或者在你被绊倒之前将其处理好。清理石板周围的苔藓和杂草，测量尺寸，并找到一新石板。如果旧的石板有着奇特的尺寸、不常见的质地或奇怪的颜色，最佳选择是去建筑材料废品回收站找找看。

用锤子把损坏的石板敲碎，然后把碎片清理干净，再清除所有水泥砂浆的痕迹。用一层新鲜沙子或几团新砂浆将凹处填平。用两条牢固的细麻绳绑住新石板，并轻轻地将它落入原位。麻绳能够让你反复地抬起和放下石板，而不会让砂浆沾在你手上和邻近石板上。对石板下面沙子或砂浆的厚度做小的调整，直到它处在合适的水平高度。最后，剪断移开麻绳，填平接缝处。

修复块料铺砌面

准确确定需要多少替换损坏处的铺砌材料，并试着寻找与原铺砌面匹配的新材料。如果铺砌材料在任何方面都难以找到，那么建筑材料废品回收站通常是一个不错的"宝库"。用锤子和凿子敲碎并清理损坏的铺砌材料，将新的铺砌材料放在合适的位置，所有的东西都整齐地平铺在一层干燥的细沙上。用一个橡皮锤轻轻地敲击夯实。最后，将干燥的细沙摇入接缝处。

修复旧砖块铺砌面

如果修复的是旧砖，并且是用传统的石灰砂浆固定，首先将破碎的砖块清理干净，然后用这些碎片来寻找较为匹配的替代品。注意旧的铺砌面和露台有时使用的是高温煅烧的房屋用砖，砖面凹槽的位置在底部。用锤子和凿子清除旧砂浆，将水泥、细沙、石灰按1：6：1的比例混合成略黏稠、厚实的新砂浆，并将新砖块固定在合适的位置。注意不要在凹槽里放太多砂浆，它会在接缝处渗出来。最后，用砂浆勾抹接缝处。你也可以用布或软刷做旧新抹的砂浆，使其呈现一种略微风化的外观。

修复砖砌建筑

围墙里的隔离砖可能会被冻坏开裂，这种情况多因为砖质量差，被称为"剥落"。找到新的替换砖块，并使用砖凿和锤子把损坏的砖清除掉。注意不要撬动砖块，以免损坏周围的墙壁。把所有的旧砂浆从凹槽里凿出来，刷掉灰尘。每次只处理一块砖，打湿新砖和凹槽内部，用略微浓稠一些的砂浆将凹槽底部、侧面和后部填平对齐，再用砂浆涂抹砖的顶部，然后将它放回原位。最后在接缝处重新勾缝。如果天气炎热干燥，就把砖和墙都喷上水。

重新勾缝

重新勾缝是一个替换旧砂浆的过程。用一个锤子、凿子和刷子清除旧砂浆。在一块胶合板上铲上一块足够填满接缝的浓稠奶油状的砂浆。将砂浆团的一侧切出一条直边，然后

将接缝凿宽，以达到更好的勾缝效果

沿直边铲出填平勾缝用量的砂浆，将铲下的砂浆抹在待填的接缝处。最后当接缝处被填满，砂浆快要干的时候，用铲尖或一块旧干布处理新填的接缝，进行做旧处理，以便看起来能与其他接缝融为一体。

修复破损的围栏柱

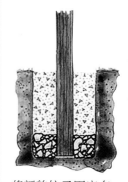

将新的柱子固定在碎石和混凝土中。

去除旧柱桩和任何混凝土或金属固定物，挖一个深达40cm的洞。在洞底放一块瓷砖或砖块，把新柱子插放在洞中砖片处。敲实柱子底部周围的少量碎石，并用板条形成一个角度来支撑这个柱子。根据木匠认为合适的水平高度来进行调整和检查。将水泥、砂子和粗碎石粒按1：2：3的比例混合后填充此洞。

更换围栏板

将围栏附近的树叶修剪，方便进行木板更换作业。拆除损坏的木板和旧的固定件。将新木板立于柱子之前，确认合适的高度（见右图）。把木板固定在合适的位置，在板上钻孔一直深入柱子，并将其用镀锌螺丝固定在合适位置。

池塘修复

铺设刚性衬垫的抬升式池塘

铺设刚性衬垫的抬升式池塘最常见的问题是衬垫和外墙之间空隙的沙子下沉，使得衬垫松弛并有裂开的隐患，甚至会掀开墙顶盖板。解决此问题先要排空池塘，拆下顶部盖板，将衬垫掀起的同时将干燥的沙子倒入空隙中。一旦衬垫的底部和侧面有了支撑，就把顶盖板盖回原位。

砖制抬升式池塘的边缘

抬升式砖制池塘由于池壁厚度只有大约10cm，顶部盖板大约30cm见方，盖板以池壁为中心，所以每一边都有大约10cm伸出池壁之外，顶盖重心就不稳定。当有人倚靠在顶盖处时，它就会自己撬开。解决方法是环绕第一道池壁来建造第二道池壁，这样你就得到一堵大约20cm厚的双层池壁，30cm的顶盖每一边仅有5cm伸出池壁之外。完工后的顶盖非常坚固，可轻松承受倚靠的压力。

衬垫漏水

如果一个柔性衬垫出现漏水情况，首先要做的是为鱼和植物找到一个可临时容身的场所，然后就将水排干搜寻渗漏的地方。如果渗漏是由一根钉子之类的东西造成的则不会有太大问题。但大多数情况下，衬垫是泥泞、黏滑的，所以不容易判断漏水原因。如果幸运的话，你会发现有植物的根或石头将衬垫往上顶，或者气泡从泥里冒出来，这很有可能会是渗漏点。

丁基和聚氯乙烯衬垫的修复程序大致相同，唯一的区别是你必须使用与衬垫材质互相匹配的溶剂和胶带。一旦发现渗漏处，先清洁和擦干渗漏处周围的区域，约为以渗漏点为半径30cm的范围，再用汽油擦拭一遍（警告：一用完汽油就要把它转移到安全位置）。

裁剪一块新衬垫作为补丁，在补丁衬垫上贴上防水双面胶，撕去涂蜡的背面底纸，将衬垫补丁放置到用力压紧，用热风枪加热衬垫补丁。如果修补处位于一个平坦的区域，将补丁衬垫覆盖在渗漏处，然后用一块混凝土板压住它即可。最后，用水填满池塘，完成工作。

下沉式池塘周围的铺砌面

下沉式池塘最常见的问题是地上部分的围砖悬在水面上，几乎没有任何支撑，容易塌陷。需要拆掉铺板，在池塘周围挖一条浅沟，用混凝土把它填满。最后，将铺板放回原位，这样它们悬在水域之上的部分会以微小的角度向后倾斜。

天然池塘的边缘

天然池塘的最常见问题是池塘边缘结构很差。排干池塘后，将衬垫的边缘向内掀开，然后在边缘外侧挖一条沟，并用混凝土填满。把衬垫的边缘铺回到混凝土上，在衬垫上垒一层砖。把砖外的衬垫翻过来包在砖上，然后将砖垫都用土埋起来。如此一来，池塘边缘有了支撑，而衬垫边缘也被隐藏起来。

混凝土池塘

混凝土池塘很容易开裂。尽管你可以针对裂缝做一些修复，但是用优质的聚氯乙烯衬垫铺满整个池塘是最省事的做法。排干并清理池塘，确保混凝土表面没有任何可能会损坏衬垫的尖锐物品，在池塘内部先铺一块土工布，再铺上聚氯乙烯衬垫。像修复任何其他池塘一样修复混凝土池塘的边缘，然后往里面注满水。

管道和电缆

管道和电缆的最常见问题是它们会扭结、拉伸或断裂。最简单的解决方法是将管道和电缆封闭在导管中。尽管通过使用各种密封和固定装置可以将导管伸进池塘的"墙壁"里，然后穿过刚性或柔性的衬垫，但是最简单的做法还是沿着池塘边缘布置管线，然后用花盆、灌木、草皮等任何看上去自然的东西把它藏起来。

水景庭院再升级

如何改进水景庭院？

仔细研究庭院。对庭院结构、池塘的建造方法、使用的材料以及水泵质量等等做个记录。然后试着想想如何充分利用现有的优势条件。例如，不需要精心打造一个精致的小池塘，只需将现有的水池作为头池，打造一条小溪或瀑布。如果你刚刚搬进新家，请先对庭院熟悉至少一年后再进行改造。

一个精心规划和开发的水景庭院在建造和观赏过程中都会给人带来快乐，它对于未来几代人来说也应该是一种乐趣。

重点升级领域

· 你可以对一个现有的池塘进行改造：将其变成一片湿地，或将其作为一个可呈现更多景观的蓄水池，或者在它不同的层级上建造第二个池塘。

· 可以用草坪、花坛或露台将随意划定的区域连接起来，变成一个整体。

· 可以改变和调整植物品种、建筑物的形状和形式，以便让它们都契合庭院的主题，比如日式庭院主题。

· 可以用一条蜿蜒曲折的小溪连接一串独立的小池塘。

· 可以降低背景植物的高度来保证某区域阳光充足。

· 可以用碎石或碾碎的树皮等覆盖现有的、难看的混凝土道路和露台。

· 可以用桥梁、突堤、桥墩、堤台或铺板等来修饰一个过大的池塘。

建立一个生态系统

一个池塘生态系统最好包括阳光、雨水、土壤、植物、动物、池塘微生物和你自己，所有元素都是一种周期性互动体系的组成部分，这种周期性互动使得所有元素构成了一个均衡的统一整体，并处于一种健康自然的状态。每种元素，或者也可以说参与的各方，都在系统中同时给予和获取资源。

你握有启动生态系统运转的钥匙。例如，一旦你向池塘注入干净的水，生态系统的车轮就会开始转动：阳光促进水中藻类的生长，而藻类会为小生物提供繁殖的场所，在这个过程中产生的废物会落入水中；死亡和濒死的植物与废物一起落下形成碎屑；池塘浮叶植物挡住了阳光，因此池塘里的鱼和藻类不会太多。大型鸟类会啄食青蛙和其他捕食鱼及植物的野生生物。飞虫以碎屑为食，并成为鸟、青蛙等池塘生物的食物。死亡和濒死的动物与昆虫沉入池塘底部形成有机物，有益于植物的生长。阳光使绿色植物吸收二氧化碳并释放氧气，这反过来又有助于保持水体干净……循环往复，生态系统的车轮一直不停地转动。

建立这个系统还要学会包容。如果你想看到鸟和鱼，你就必须要接受小昆虫和稍微有点浑浊的水。你可以种植荷花，但你不能让它们的生长失去控制而抢占其他植物的生长资源。你可以养鱼，但你必须接受吃鱼的捕猎者（苍鹭、水蛇、青蛙、小型哺乳动物和猫咪）和鱼共存。对于所有的蛞蝓、老鼠、乌鸦和其他动物（你可能会认为它们是破坏者）来说也是如此，它们都扮演着自己的角色。举个例子，如果你除掉了蛞蝓，那么很有可能也杀害了在生物链另一端、备受你宠爱的鱼。你面临的最大挑战是如何让整个生态系统平衡发展。

升级实例

好的水景庭院总是处于不断变化的状态。对一株植物、道路、选材或结构的微小改进可以显著地改变一个庭院。制定一个可以分阶段或步骤执行的总体规划。例如，用一年的时间建造和改进一座池塘，下一年则可以种植更多的绿植，第三年可以再挖一条小溪，诸如此类。要知道，打造水景庭院可以变成一个终生的项目。

改造前	改造后

有太多树木高耸在池塘边，而且裸露的环形池壁看起来相当阴森突兀。

重新打造了树篱，大树也被移走，通过种植植物来使池塘外壁更加柔和。

这个方池塘已经通过去掉半边石块，用沼泽园来模糊水池与地面之间的界限。

将池塘形状修改为圆形，然后用沙子、木瓦、干燥的植物和一个八角形铺板建造了一个岸滩，进一步修饰这个圆形池塘。

改造池塘

现有的池塘不容易改造。当然，你可以把小池塘里柔性衬垫移走，然后挖一个更大的坑并铺设一个新的衬垫，但这是一个彻底的改变，而不是改造。还可以在第一个池塘旁边再建一个池塘，这样两个池塘之间的狭长地带就变成了一个动态的桥状景观，好像横跨一个大池塘。

而天然池塘周边可以改造为湿地，并种植喜于生长在潮湿土壤和浅水中的湿生植物来扩大它的外观尺寸。种植植物会让人产生池塘和湿地是一个大型单一景观的错觉。

保持原样

一个年代久远的天然池塘或溪流，即长期存在的一部分景观，通常情况下最好保持原样，不要去动。你可以建造道路和湿地以及小型附加建筑物，但在大多数情况下，明智的做法是不改变水边植物或任何可能扰乱现有生态系统的要素。

可考虑的升级设计

- 在现有池塘的不同高度上再打造一个池塘；
- 一座跨越现有池塘的桥或堤台；
- 一座里面有鸭子的鸭舍；
- 一个改变景观特征的时尚喷泉；
- 一个带来更多生动效果的瀑布；
- 一片能营造私密区域的围栏；
- 一处能制造出焦点的种植上的改变；
- 一个坡度的改变；
- 一个池塘边的露台；
- 一个引人注目的景观的藤架。

疑难解答

为什么它无法运转了？

挖掘孔洞、建造墙壁、安装水泵、种植植物，以及摆弄泥巴和水——建造一座水景庭院是一项美妙而令人兴奋的、充满技巧的、可以提高生活品质的挑战。然而，在此过程中总会有困难发生。比如，你打开水泵，然后什么事也没有发生，壁挂喷泉只滴落少量水珠，根本无法运转。下面会列出一些水景庭院常见问题及解决办法。

水景庭院疑难解答

问题	可能的原因	解决方案
池塘水位下降	池塘衬垫损坏	持续给池塘补水，直到天气好的时候，给植物和鱼找一个容身之处，排干池塘，找出渗漏处进行修复
水泵发出抽吸的噪声，但是没有水出来	管道扭结、堵塞，或者过滤器完全堵塞	关掉电源，拆下水泵。清洗过滤器和水泵主体，确保所有的进水管和输水管是通畅的，并更换扭结严重的管道
水泵听起来好像在运转，但是喷泉喷出的水流很微弱	管道堵塞和/或水泵上的阀门堵塞和/或安装不当。输水管可能脱离喷泉了	确保所有管道通畅、干净、安装得当，并重置阀门
金鱼口部和身上有白斑	鱼得了一种白斑性真菌疾病	将病鱼隔离在储水槽里并投放药品治疗它们。这个问题也表明池塘水质差、食物差、鱼太多和/或蓄养不当
鱼在暖和的天气里喘气	水中氧气含量较低，并且/或者鱼在繁殖	打开喷泉为水充氧，增加补氧植物的数量，日常密切关注鱼群
鱼群数量减少	存在捕食者	密切关注池塘。小心猫咪、鸟类、老鼠、狐狸、水蛇甚至孩子们，防范任何影响因素
当天气暖和时，鱼在浅水区翻滚	鱼类的繁殖会从春季持续到夏季，这可能是雌鱼在产卵或者雄鱼在给卵受精	如果水的状况看上去不错，而鱼看起来也很健康，则持续观察即可
似乎没有太多鱼苗（幼鱼）存活下来	缺乏氧气或发生疾病，或者有太多捕食者	打开喷泉为水充氧，增加补氧植物，用洁净的水注满池塘，清理水面浮渣，捞出死鱼，确保水中没有太多的划蝽和以幼鱼为食的池塘生物。确保水泵不会把鱼吸入。即便在正常情况下，也只有很小一部分鱼苗能够存活下来
新引入的鱼靠在池塘边缘摩擦	鱼虱或其他寄生虫感染	将鱼移到一个储水槽用药浴治疗它们。下一次记得换一家买鱼
水被藻类染成了绿色	太多阳光导致池塘内生态系统失衡	确保大约三分之二的水面覆有浮叶植物，把补氧的沉水植物沉入水中，在水中撒少量大麦秸秆。修剪伸出并悬在水面上的水边植物

（接上页）

水景庭院疑难解答

问题	可能的原因	解决方案
池塘植物正在枯死，而且池塘里传来一种氨水般的气味	水质较差，或者可能农田中的农药同雨水流了进来	清理池塘并换水，确保池塘里没有流入农田里的雨水
丁基衬垫从池塘底部凸起	衬垫底下有气体和/或水	排干池塘并卷起衬垫，挖一个深坑和一个通向较低地势的渗水沟渠，用碎石将它填满，再用沙子覆盖起来，然后将衬垫放回原位。如果问题依然存在，你可以选择在深坑里安装一个水泵，或者将池塘移到高处
从池塘底部冒出阵阵臭气	池塘太浅，水里没有足够的氧气，水温太高，有机淤泥太多	通过植物和喷泉为水充氧，并确保至少三分之二的水面没有植物。修剪所有会让叶子掉落水中的植物。除去一些池塘淤泥
一个抬升式池塘周围露台区域的石板下沉	排水较差，水破坏了铺砌面，并且/或者地基较差	拆掉铺砌面，铺一层15cm的碎石压紧，再铺一块5cm厚的混凝土板，然后抹上砂浆，重新安置石板
鸢尾几乎被吃到灭绝的地步	元凶可能是鸢尾叶蜂的幼虫	用手捉走毛虫，用一股细水流冲洗鸢尾，促使更多种类的野生生物进入庭院，一些鸟类、甲虫、青蛙或其他生物会喜欢吃叶蜂
池塘周围的一些植物变成带斑点的黄褐色	那些植物可能受到了叶蝉的攻击	用软管向遭虫害的植物冲水，将叶蝉冲入水中，然后被鱼吃掉
当使用柔性衬垫的野外池塘水位上升时，水缓慢地从池塘一侧流出，溢流侧很潮湿，衬垫也总是在另一侧露出来	池塘建在了一个微倾的斜坡上，这样池塘较低的边缘就变成了溢流点，这是一个常见问题	有两种选择：要么增高池塘较低的一侧，这样水位上升，隐藏了衬垫的所有痕迹；要么让池塘保持原样，将浸水的溢流侧改造为湿地，并在另一侧种植一片挺水植物来隐藏衬垫